超絵解本

絵と図でよくわかる

地球大全

地球と生命の壮大な歴史をたどる

はじめに

私たちの地球は，今からおよそ46億年前に誕生しました。

生まれたばかりの地球は単なる岩石のかたまりで，

水も空気もありませんでした。

地球に最初の生命が宿るまで，実に6億年もかかりました。

生命は誕生したあとも，順調に進化をとげたわけではありません。

急激な寒冷化で地球全体がカチカチに凍ってしまったり，

小惑星が激突したりといったさまざまな大事件に襲われ，

生命の大部分が絶滅してしまうような危機を，何度も経験したのです。

この本は，地球と生命が歩んできたダイナミックな道のりを，

わかりやすいイラストをたっぷり用いて紹介します。

どうぞ最後までお楽しみください！

3 酸素の発生と地球大凍結 30億〜6億年前

5 哺乳類の繁栄，人類の誕生 5000万年前〜現代

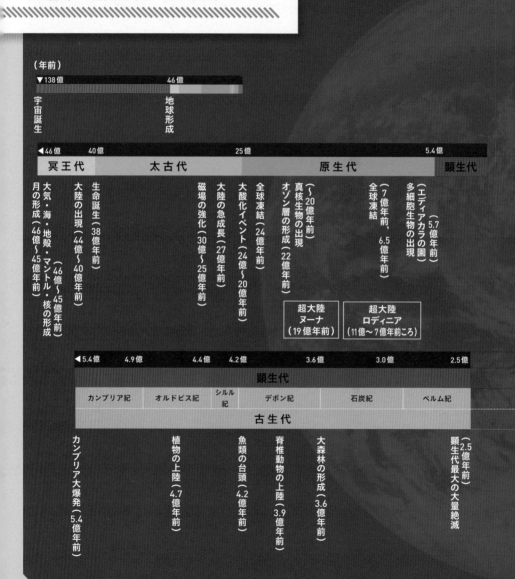

地球の歴史年表

46億年の歴史をながめてみよう

（年前）

▼138億	46億
宇宙誕生	地球形成

◀46億 40億		25億		5.4億
冥王代	太古代		原生代	顕生代

- 月の形成（46億～45億年前）
- 大気・海・地殻・マントル・核の形成（46億～45億年前）
- 大陸の出現（44億～40億年前）
- 生命誕生（38億年前）
- 磁場の強化（30億～25億年前）
- 大陸の急成長（27億年前）
- 大酸化イベント（24億～20億年前）
- 全球凍結（24億年前）
- オゾン層の形成（22億年前）
- 真核生物の出現（～20億年前）
- 多細胞生物の出現（7億年前、6.5億年前）全球凍結
- エディアカラの園（5.7億年前）

超大陸ヌーナ（19億年前）

超大陸ロディニア（11億～7億年前ころ）

◀5.4億	4.9億	4.4億	4.2億	3.6億	3.0億	2.5億
顕生代						
カンブリア紀	オルドビス紀	シルル紀	デボン紀		石炭紀	ペルム紀
古生代						

- カンブリア大爆発（5.4億年前）
- 植物の上陸（4.7億年前）
- 魚類の台頭（4.2億年前）
- 脊椎動物の上陸（3.9億年前）
- 大森林の形成（3.6億年前）
- 顕生代最大の大量絶滅（2.5億年前）

私たちの地球は，今からおよそ46億年前にできたと考えられています。下の年表は，地球46億年の歴史の中でおきた，大きなできごとをまとめたものです。

地球の歴史は，大きく四つの「代」に分けることができます。古いほうから「冥王代」「太古代」「原生代」（これら三つをまとめて「先カンブリア時代」とよぶ），そして「顕生代」です。

さまざまな種が誕生と絶滅をくりかえしながら生命が発展した「顕生代」は，さらに三つに分けられます。

5億4000万年前から2億5100万年前までを「古生代」といい，生物はこの時代に爆発的にふえました。2億5100万年前から6550万年前までを「中生代」といい，恐竜が地上の支配者となった時代です。そして，6550万年前から現在までを「新生代」といいます。

私たちの遠い祖先である人類が出現したのは，新生代の中でもわずか700万年前のことでした。次のページからは，この地球46億年の歴史を，じっくりとみていきましょう！

◀2.5億	2.0億	1.4億	6550万	2300万	259万
顕生代					
三畳紀	ジュラ紀	白亜紀	古第三紀	新第三紀	
中生代			新生代		第四紀

（三畳紀）
三つどもえの生存競争

（ジュラ紀・白亜紀）
巨大恐竜の出現と繁栄

小惑星の衝突（6550万年前）

哺乳類の台頭と繁栄（5000万年前）

スタグナントスラブの崩落（5000万年前）

ヒマラヤ山脈の誕生（1400万年前）

人類の出現（700万年前）

超大陸
パンゲア
（2億6000万年前〜2億年前）

1

地球が生まれるまで

今からおよそ 46 億年前，暗い宇宙の中で原始の太陽がつくられました。原始の太陽のまわりには，いくつかの原始の惑星ができ，その中の一つが地球になりました。1章では，母なる星・太陽の誕生から，私たちの地球が誕生するまでをみていきましょう。

暗やみの中に，原始太陽の"卵"ができた

多くの星がほぼ同時期に生まれた

私たちの住む太陽系がつくられていくとき，まず真っ先に太陽の形成がはじまりました。太陽が生まれたとき，周囲はどのような環境だったのでしょう。

夜空には，「暗黒星雲」とよばれる星雲があります。天の川などの，星が密集する地帯でも，暗くみえる部分のことです。電波を使った観測によって，暗黒星雲はきわめて低温のガスで，主成分は水素であることがわかっています。太陽の主成分である水素が大量にみつかったため，この暗黒星雲こそ，太陽誕生の場所のモデルになるのではないかと考えられました。水素が特定の場所に集まって，原始太陽の"卵"ができたというのです。

実際，1965年に暗黒星雲の中に，非常に温度の低い星が発見されました。水素が大量にあるところで実際に星が観測されたことで，

太陽は暗黒星雲の中でつくられた!?

暗黒星雲の中でつくられる太陽のイメージです。へび座にある「M16」という暗黒星雲をモデルにしました。図の右上から左下に，暗黒星雲が広がっています。太陽と同時期に，暗黒星雲のあちこちで，たくさんの"星の卵"がつくられたと考えられています。

この天体こそ，星の一生の中で最も原始的な（幼い）星だと考えられるようになりました。星が形成される領域では，多くの星がほぼ同時期に生まれると考えられています。

恒星※の"卵"（先端部分）

暗黒星雲

恒星の"卵"

※：太陽のようにみずからのエネルギーで光かがやく星のこと。

ジェットを放出しながらつくられる原始太陽

ガス雲からのガスが原始太陽に降り積もる

ジェット（分子流）

原始太陽（この穴の中にある）

暗 黒星雲の中で生まれた原始太陽の姿を予想する研究は、主にコンピューターシミュレーションによって進められました。その結果、原始太陽のまわりにはガス雲が形成され、ガス雲からのガスが原始太陽に降り積もり、原始太陽をしだいに成長させていくというシナリオが考えられました。

　このガス雲からガスが落ちるとき、あたかもバスタブからお湯を抜くときに排水口に向かってできる渦のような円盤がつくられるといいます。この円盤は、20世紀末に実際に観測されています。また、1980年代に電波望遠鏡の性能が高まったことで、いくつもの原始星で、極域から2方向に噴きだしているガスのジェットが観測されました。ガスのジェットは、それまでの理論では予想もされていなかった大発見でした。

　なぜ、ジェットを噴きだすのでしょう。一つの説として、原始星を、垂直に磁力線がつらぬいているというものがあります。回転する原始星とともに磁力線がねじれ、そのねじれにのってガスの一部が外に運ばれるというのです。

ガスの円盤（原始太陽系円盤）

ジェットを放出しながらつくられる原始太陽

原始太陽がつくられるようすのイメージです。回転による遠心力や磁場の力で、"星の卵"の形はしだいに扁平になり、ガスの円盤ができあがります。中心部には、ガスの円盤からガスが次々と降り積もり、一方で中心部から円盤と垂直方向に2本のジェットが噴きでます。

ジェット（分子流）

100億個もの "惑星のもと" がつくられた

固体のちりが集まり、やがて微惑星となった

太陽に火が入る一方で、原始太陽を取り巻く「原始太陽系円盤」では、太陽系の惑星が形成されていきます。

まず、固体のちり（ケイ酸塩など）が集まります。無数のちりは、回転するガス円盤の遠心力と、原始太陽の引力を受けて、ちょうど雪が降るようにガス円盤の赤道面にひらひらと舞い落ちていきます。**舞い落ちる途中でちりはくっつき合って成長し、ガス円盤全体にちりの薄い層ができたと考えられています。**

ちりが赤道面上にたまってその密度が増していくと、ちりどうしの引力のほうが太陽からの引力よりも大きくなります。**いたるところでちりの濃いかたまりができ、さらに収縮して、直径が数キロメートルの小天体が形成されます。**こうした小天体は「微惑星」とよ

原始太陽

ばれています。微惑星の数は、太陽系全体で100億個にも達したと考えられています。

太陽に近いところには岩石と金属鉄主体の微惑星、遠いところには温度が低いために氷（水やメタン、アンモニア）主体の微惑星がつくられていきました。

微惑星の形成

ガス円盤の誕生から数十万年。ガス円盤の中には，太陽系全体で100億個にもおよぶ微惑星が形成されました。微惑星ができたころ，ガスやちりが失われて薄くなったために，太陽のまわりがだんだん晴れ上がり，中心の星がみえる状態になります。

ガス円盤

微惑星

衝突・合体をくりかえして微惑星が暴走的に成長

微惑星が合体して，原始惑星になった

微惑星が衝突・合体して大きくなると，重力が強くなり，より遠くの微惑星を引き寄せるようになります。"地球の卵"となる原始惑星は，周囲の微惑星を引き寄せて次々に合体し，大きくなっていきました。地球は，こうした原始惑星どうしがさらに何回か衝突・合体してできたと考えられています。太陽系のほかの惑星たちも，同じように成長しました。

地球は，火星や金星よりも大きく成長することができました。このことは，その後の地球の環境にとって，大きな分かれ目になったと考えられています。たとえば火星は，質量が地球の10％ほどしかないので，重力が弱く，大気が宇宙空間に逃げてしまい，大気が薄くなっていきました。このため，現在の火星では大気の温室効果がはたらかず，平均気温がマイナス43℃しかありません。

地球は大きく成長したことで，生命が生息できる環境を長く維持するようになったのです。

成長をはじめた"地球の卵"

無数の微惑星がたがいに衝突・合体をくりかえし，原始惑星へと成長していきました。原始惑星の表面では，微惑星が衝突した地点の岩石がとけています。地球もはじめは，ただの熱い岩石のかたまりでした。

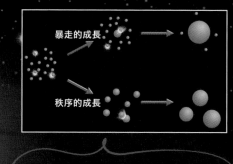

暴走的成長

秩序的成長

多数の粒子が集まって大きくなる成長のしかたには、大きく2種類が考えられます。一つはすべての粒子が同じように大きくなっていく場合で、「秩序的成長」といいます。もう一つは大きい粒子ほど成長が速く、どんどん大きくなる場合で、「暴走的成長」といいます。コンピューターシミュレーションにより、微惑星の成長は暴走的成長であるとされました。

地球はドロドロのマグマにおおわれた

マグマオーシャンが地球の内部構造を生んだ

地球が大きくなるほど,重力は強くなります。微惑星は,地球の重力に引き寄せられて,猛烈な勢いで衝突してきました。**地球の表面は,微惑星の衝突の衝撃でとけてしまい,「マグマの海(マグマオーシャン)」でおおわれました。**このころの地球の半径は約4000キロメートル(現在の地球の60%程度)だったにもかかわらず,マグマオーシャンの深さは数百キロメートルにも達していたと考えられています。

マグマオーシャンの熱はさらに深部の岩石をとかしていき,地球の内部構造がつくられました。**重い鉄は中心に集まって「核」になり,軽い岩石成分は核の外側へ移動して「マントル」になりました。**このことが,のちに大陸移動をおこすマントルの対流や,磁場の誕生,さらに大気や海の形成へとつながります。地球は一度とけたことで,ただの岩のかたまりから,生命がすめる惑星へと変化したのです。

マグマオーシャンにおおわれた地球

はげしい微惑星の衝突で,地球の表面はとけた岩石からなるマグマオーシャンでおおわれました。このマグマオーシャンの熱が,さらに深部の岩石をとかしたことで,地球の内部構造がつくられました。

マグマオーシャン

とけて中心へ
沈んでいく鉄

微惑星の
衝突

微惑星の衝突

巨大衝突によって，地球の運命が変わった

原始惑星の衝突が月を生んだ

こ こで月の誕生の話をしましょう。

月がどのように誕生したかの仮説として有力視されているのが，「ジャイアント・インパクト説（巨大衝突説）」です。この説によると，約45億年前，火星ほどの大きさの原始惑星がかすめるように原始地球に衝突し，大量の物質が地球の周囲の宇宙空間にばらまかれました。そしてその物質の一部は，たがいに引き合ってかたまりになり，地球のまわりをまわりはじめました。このかたまりが月になったというのです。

この偶然のできごとは，地球の運命を大きく変えました。ジャイアント・インパクト説によると，このとき地球の水蒸気は，大半が飛び散ったといいます。現在の地球の水は，このあとに衝突した多数の隕石に含まれていた水だと考えられています。

もしジャイアント・インパクトがなかったら，水が多すぎて地球の陸地はすべて水没したままになり，陸上生命は誕生しなかったかもしれないのです。

また，もし月ができなかったら，地球の1日はもっと短かったかもしれません。このころ，地球の1日は5時間しかありませんでした。地球の1日は，月と地球の間の重力（潮汐力※）の作用によって，少しずつ長くなっていき，現在の24時間になったのです。

※：重力によっておこる二次的効果の一種で，海の潮の満ち引きの原因。地球は主に月と太陽から潮汐力を受けています。

ジャイアント・インパクト

ジャイアント・インパクト説では，地球と火星サイズの天体の衝突によって物質がばらまかれ，その一部が月になったと考えられています。月の岩石の成分と地球の岩石の成分は，よく似ていることがわかっています。ジャイアント・インパクト説は，その理由をうまく説明することができます。

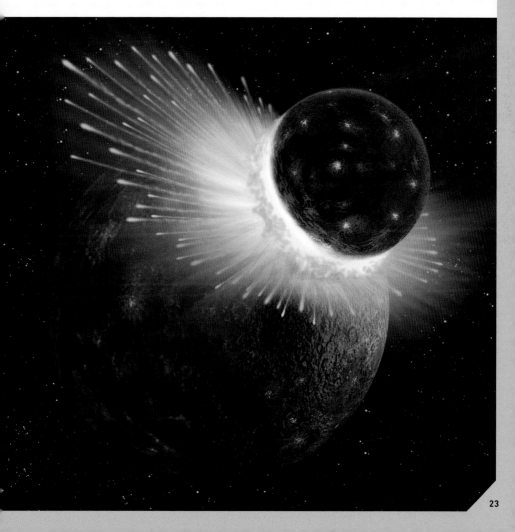

月のおかげで地球の傾きが安定

地軸の向きが変わると気候がはげしく変動する

月の半径は地球に対して27％あり，太陽系の惑星と衛星の中では，きわめて大きな値です※。たとえば火星の衛星フォボスは火星に対して0.3％程度の大きさです。

地球は大きな月のおかげで，地軸（自転軸）の傾きの変動が，23.4度からプラスマイナス1度程度におさまっています。火星の自転軸の傾き（現在は25.2度）は，計算によると，おおむね数万年の周期でプラスマイナス10度ほどの変動をくりかえしているといいます。

惑星の自転軸の傾きが変動するのは，止まりかけのコマがみせる首振り運動のような効果と，木星などほかの天体の重力の影響が合わさるためです。地球は月との潮汐力によって，地球自身の首振り運動とほかの天体の重力の影響が合わさらないのです。

自転軸の傾きの変動が大きい火星では，大規模な気候変動をくりかえしてきたと考えられています。

大きな月

自転軸の傾き（大きな月のおかげで変動幅が小さい）

実際の比率に合わせてえがいた地球と月

※：質量で比較すると，月は地球の約1.2％，フォボスは火星の6000万分の1程度。

自転軸が変動すると地球は？

左は自転軸の傾きが10度になった場合の地球。現在よりも低緯度地域と高緯度地域の気温差が大きくなり，北極，南極の氷がふえる可能性があります。下は自転軸の傾きが60度になった場合の地球。極地よりも赤道付近のほうが太陽光の量が少なくなり，赤道付近に氷河や海氷ができるかもしれません。このような気候変動がくりかえされたら，生命にとってすごしにくい惑星になりそうです。

自転軸の傾きが
10度の地球

自転軸の傾きが
60度の地球

コーヒーブレーク

太陽から絶妙な距離に位置する地球

液体の水が存在するのに重要なのが，太陽との距離です。太陽に近すぎると水は蒸発し，遠すぎると凍りついてしまいます。液体の水が存在できる領域を，惑星科学の分野では「ハビタブル・ゾーン（生命生存可能領域）」とよびます。

ただし地球の表面温度を決め

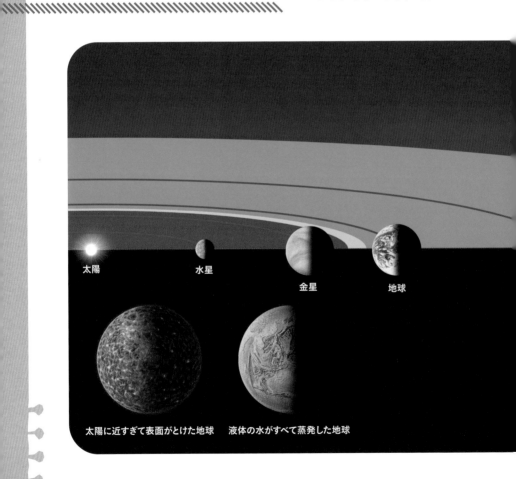

太陽　　水星　　金星　　地球

太陽に近すぎて表面がとけた地球　液体の水がすべて蒸発した地球

るのは，太陽からの距離だけではありません。地球は太陽から届いた光の約30％を反射し，70％を吸収しています。雲や氷がふえれば白い部分がふえるので反射率も上がり，地球は寒くなります。

大気も地球の表面温度に大きく影響します。大気は毛布のような役割を果たします（温室効果）。地球の平均気温は15℃ですが，温室効果がなければマイナス18℃になると予測されています。

惑星のサイズも重要です。小さな惑星では，十分な量の大気を重力でつなぎとめることができず，水は蒸発してしまいます。ほかにもさまざまな条件が重なり，地球は生命あふれる"奇跡の惑星"となったのです。

太陽系のハビタブル・ゾーンは火星の先まで？

太陽系の惑星が公転している円盤の面に色をつけて示しました。黄緑色の部分と水色の部分がハビタブル・ゾーンです。赤い部分は，太陽に近すぎて液体の水が存在できない領域です。黄緑色の部分は，惑星に温室効果がはたらかなくても液体の水が存在できる温度となる領域です。水色の部分は，惑星にはたらく温室効果の大きさによっては液体の水が存在可能な領域で（逆にいえば，温室効果が小さければ惑星の表面が凍りつくこともある），地球と火星はこの領域に含まれています。そのさらに外側は，温室効果では温暖な環境を維持できず，惑星の表面が凍りついてしまう領域です。

星

液体の水が存在する地球

表面が凍りついた地球

地球の構造①
地球の内部をみてみよう

400万気圧, 6000℃に達する地球の中心

地球の内部構造は,「地殻」「マントル」「核」の3層構造に大きく分けられます。地表から地球の中心までの距離はおよそ6300キロメートルで, このうち核は約3400キロメートルを占めます。その外側を厚さ2900キロメートルのマントルがおおい, その外側に数十キロメートルの厚さの地殻があります。

ゆで卵でいえば, 黄身が核, 白身がマントル, うすっぺらい殻が地殻にあたります。なお, マントルは上部マントルと下部マントルに, 核は外核と内核に分けられます。こうした内部構造のうち, 外核だけが液体とみられています。

現在の人類の力では, 地殻の最も薄いところをねらって掘って, マントルの最上部へ届くかどうかというところが限界です。しかし, 地球に降ってくる隕石や, 地震波の伝わり方などの各種解析で, 地球深部の組成や圧力などを精度よく推測することが可能となっています。

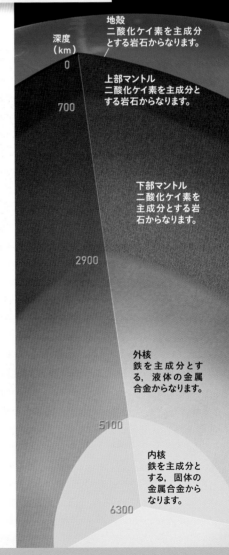

深度
(km)

0

700

2900

5100

6300

地殻
二酸化ケイ素を主成分とする岩石からなります。

上部マントル
二酸化ケイ素を主成分とする岩石からなります。

下部マントル
二酸化ケイ素を主成分とする岩石からなります。

外核
鉄を主成分とする, 液体の金属合金からなります。

内核
鉄を主成分とする, 固体の金属合金からなります。

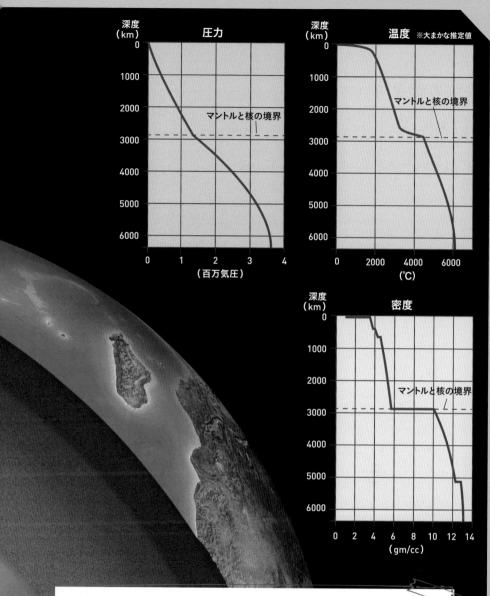

深度
(km)

圧力

マントルと核の境界

（百万気圧）

深度
(km)

温度 ※大まかな推定値

マントルと核の境界

（℃）

深度
(km)

密度

マントルと核の境界

（gm/cc）

深度3000キロでの圧力は100万気圧をこえる

地球の中心部はおよそ400万気圧，6000℃に達します。圧力は，核とマントルの境で上昇率が変わります。それはマントルは密度が小さい岩石でできているのに対し，核は密度が大きな鉄やニッケルなどの金属を主成分とするためです。また，マントルの上下にみられる二つの大きな温度勾配は，マントルの対流による「熱境界層」とよばれるものです。

地球の構造②
地球は10数枚のプレートでおおわれている

プレートは少しずつ移動している

地球の表面は，決して1枚の板でおおわれているわけではありません。10数枚のかたい岩盤の板が，地球をおおっているのです。この板を「プレート（岩板）」といいます。

プレートは，マントルの最上部と地殻からなります。その厚さは，海洋域では100キロメートル以下です。一方，大陸域では，厚い大陸地殻をのせているために，100キロメートルより厚いところもあります。

プレートは海嶺で生まれ，年間数センチメートルの速度で移動します。たとえば，太平洋の大部分の海底である太平洋プレートは，東太平洋海嶺でつくられ，西進しています。そして最後には，マリアナ海溝などで，地球深部へと沈みこんでいきます。そのため，太平洋プレートの年代をはかると，東太平洋海嶺に近いほど新しく，マリアナ海溝に近いほど古くなります。

最も古い場所は，2億年ほど前の中生代ジュラ紀につくられたとみられています。いいかえると，マリアナ海溝や日本海溝付近にあるプレートは，2億年の歳月をかけて，東太平洋海嶺から移動してきたことになります。

プレートはなぜ動くのでしょうか？ プレートの移動は，地球を冷ますマントル全体の対流運動が地表にあらわれたものとみることができます。プレートは，海溝で地球深部へと沈みこむプレート自身の重さでひっぱられて移動するとみられています。沈みこむプレートは海で冷えてかたく重くなっており，マントル対流の下降流に相当するわけです。ただし，マントル対流がプレートの運動と，単純に対応しているわけではないとも考えられています。

プレート境界

地球表面をおおうプレートを図に示しました。赤色の線はプレート境界を，矢印はプレートの移動方向をあらわしています。ピンク色の部分は，プレートが沈みこむ「沈みこみ帯」です。プレートの年齢は，最も古いもので2億年ほどになります。

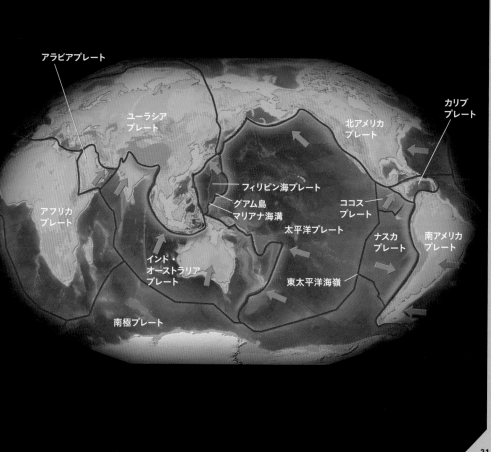

アラビアプレート

ユーラシアプレート

北アメリカプレート

カリブプレート

フィリピン海プレート

グアム島
マリアナ海溝

ココスプレート

アフリカプレート

太平洋プレート

ナスカプレート

南アメリカプレート

インド・オーストラリアプレート

東太平洋海嶺

南極プレート

地球の構造③
地球は巨大な磁石！

生命に有害な放射線を防いでいる

高温の液体金属である外核（28～29ページ）が活発に対流することで，地球の周囲には磁場がつくられました。地球の磁場を，地球の中心にある棒磁石がつくっていると仮定しましょう（右の図）。棒磁石のN極は南，S極は北を向き，その軸は地球の自転軸から少しずれています。この棒磁石の延長線にある地表面を，「地磁気極」といいます。

数億年前には，地磁気極は現在の赤道近くにあったとされています。また，**地球の中心にある棒磁石の向きは，おおよそ数十万年の時間規模で逆転することがわかってきました。**これまでに何百回，何千回もの地磁気の逆転がくりかえされたのです。

地球の磁場には，生物に有害な太陽風※**などをさえぎる効果があります。**太陽風は直接地上には届きませんが，その一部は磁力線に沿って地球の極域に流れこんできます。このとき，大気中の粒子と衝突して発光する現象が「オーロラ」です。

※：太陽からの電気を帯びた粒子。

地球磁場

現在の地球磁場は，地球の中心を通り，自転軸に対してわずかに傾いた棒磁石でつくられると考えられます。N極が南，S極が北を向いているため，地球磁場の磁力線は南から北に向いています。

磁力線

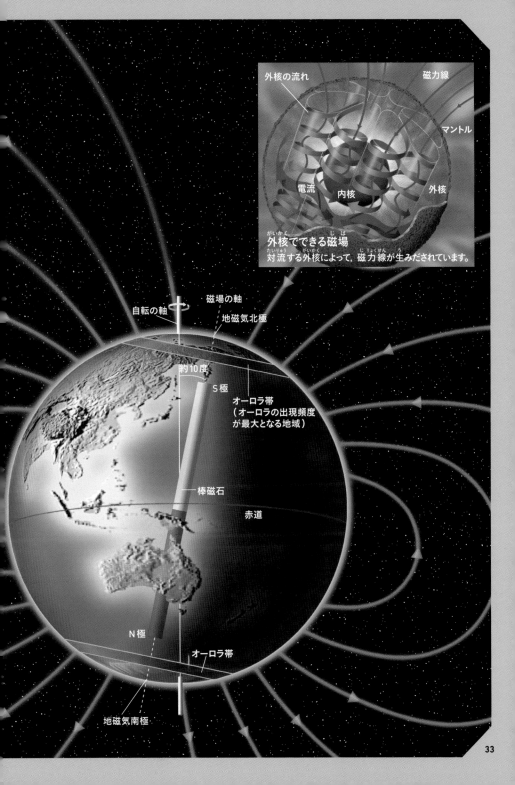

外核の流れ　　　　　　　磁力線

マントル

電流　　内核　　外核

外核でできる磁場
対流する外核によって，磁力線が生みだされています。

自転の軸　　磁場の軸
　　　　　　地磁気北極

約10度
S極
　　　　　　オーロラ帯
　　　　　　（オーロラの出現頻度
　　　　　　が最大となる地域）

棒磁石

赤道

N極

オーロラ帯

地磁気南極

2

生命誕生までの長い道のり
46億〜38億年前

今から約46億年前に誕生した地球は，マグマオーシャンにおおわれた過酷な環境でした。そのような地球に，どのようにして大気が生まれ，海や陸がつくられたのでしょうか。2章では，地球に生命が生息できる環境がととのうまでの過程を紹介します。

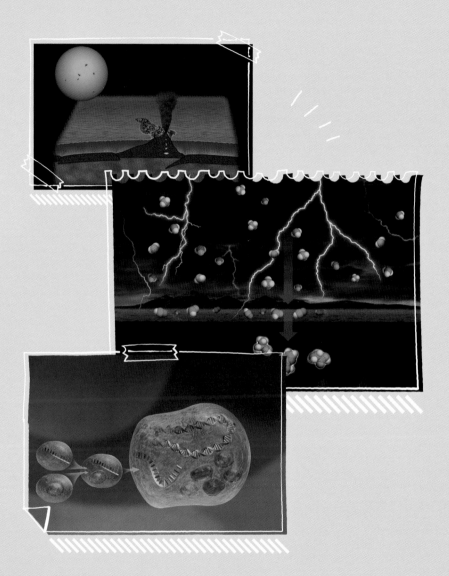

強酸性の大雨が，地表に海をつくった

地殻に含まれていた元素もとかした

ジャイアント・インパクト（22〜23ページ）直後の地球のようす。

海は，いろいろな元素を含んだ大量の水でできています。海は，いつ，どのようにして地球上にあらわれたのでしょう。

原始の地球をつくった微惑星の一部には，含水鉱物（粘土鉱物）が含まれていたと考えられています。含水鉱物に含まれていた水は，衝突のエネルギーで蒸発し，原始の地球の大気成分となりました。

微惑星の衝突が減少すると，高温だった地球の表面は少しずつ冷えていきました。大気中の水蒸気は雲となり，はげしい雨となって地上に降りそそいで，原始の海となったのです。このときの雨は，大気中の塩酸ガスや硫酸ガスにより強酸性で，数百℃もの高温だったと推定されています。

強酸性の雨は，地殻に含まれていた元素をとかしました。雨は川となって，大陸地殻に含まれていた元素が次々と海へ運ばれます。その結果，海には多くの種類の元素がとけこんだと考えられています。

原始の海をつくった雨

強酸性の雨が原始の地殻をとかし，その元素を含んだ雨水が集まって，原始の海ができました。雷も発生して，太陽からははげしい紫外線が地上に到達していました。

地球内部では，重い鉄が地球の中心へと沈みこみ，核が形成されました（28〜29ページ）。

金属が沈んで核ができる

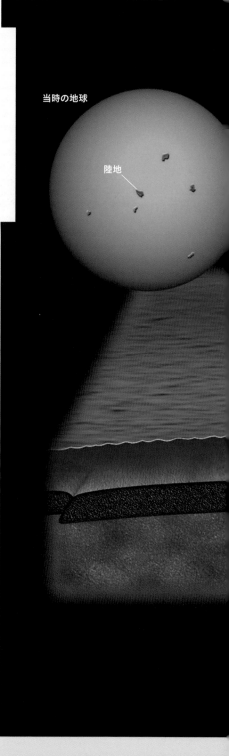

当時の地球

陸地

海底から大陸が生まれた

海洋地殻がとけて大陸地殻をつくった

地球に海ができたとき，陸地は火山島のような小さなものしか存在しなかったようです。では，大陸はどのようにして出現したのでしょうか？

実は，陸地をつくる「大陸地殻」と海底をつくる「海洋地殻」とでは，岩石の種類がちがいます。大陸地殻の上部は花崗岩質，海洋地殻は玄武岩質で，後者のほうが重い岩石です。表層に2種類の地殻が分布するという惑星は，ほかに発見されていません。そして地球誕生直後には，海洋地殻しか存在しなかったとみられています。

大陸地殻は，地球深部にまで沈みこんだ海洋地殻から生みだされた可能性が示されています。 プレートの沈みこみ帯（30〜31ページ）でマントル（28〜29ページ）へもぐりこんだ海洋地殻がとけると，花崗岩質のマグマができます。そのマグマが上昇して，大陸地殻をつくったと考えられています。

大陸地殻の生まれ方

大陸地殻は，海洋地殻が地球深部へと沈みこむ場所で生みだされたと考えられています。海洋地殻がとけてできたマグマが上昇して，大陸地殻をつくったと考えられています。

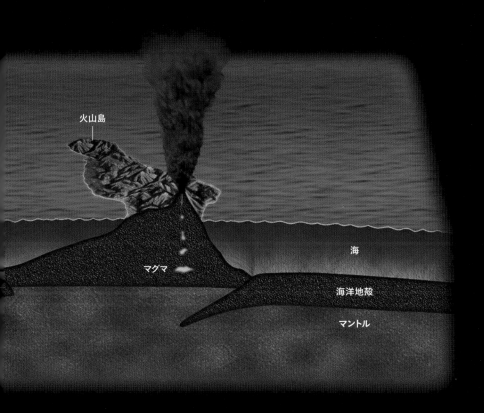

火山島

マグマ

海

海洋地殻

マントル

生命の生息できる環境がととのった！

生命誕生に欠かせない要素が地球にそろった

太陽からの粒子

太陽

太陽風をさえぎる「地球磁場」

地球磁場は，地球のN極から出てS極に入る磁力線が，地球を何重にも取り巻くことでできています。

太陽風は電気をおびているために，地球磁場に近づくと磁力線に沿うように進路を曲げられます。その結果，地球は太陽風にさらされずにすんでいるのです。

「地球システム」の誕生

38億年前までに，核／マントル／海／大気／地球磁場からなる，「地球システム」が完成しました。これらの要素がさまざまな役割を果たし，生物をはぐくむ"シェルター"としてはたらきはじめたのです。

月（22〜25ページ）

38

億年前までの地球に，生命が生息できる環境がととのいました。**地球の内部が「核」と「マントル」に分かれ，まわりが「海」「大気」「地球磁場」におおわれたことで実現したのです。**

核は，地球の中心部の鉄が集まった部分です。液体の鉄が流動することで地球のまわりに磁場ができ，生物に有害な太陽風などをさえぎります。マントルは，核の周囲にある岩石の層です。固体の岩石がゆっくりと対流する過程で，熱水噴出孔や火山を通じて生命のエネルギー源になる物質がつくられます。さらにマントル対流は火山列島を生み，陸地をふやしました。

海は，太陽の光を受けやすい赤道から受けにくい極域へと熱を運び，地球をまんべんなくあたためました。そして大気には，二酸化炭素などの温室効果ガスが豊富に含まれていたため，当時の太陽の光は現在よりも弱かったにもかかわらず，水が凍らずにすんだのです。

地球磁場をつくる
磁力線の方向

海・大気

核　マントル

生命をはぐくむ「海」

液体の水は，生命誕生に必須の要素だと考えられています。惑星に水が液体の状態で存在するかどうかは，太陽からどれくらいはなれているかや，惑星の大きさ，大気の成分と量などによって決まります（26〜27ページ）。

地球を守るバリアをつくる「核」

当時の核は液体の鉄などからなり，内部で流動していました。このとき生じる電流が地球に磁場をつくりだし，生物に有害な太陽風などをさえぎっていました。

なお現在の地球は，固体の鉄からなる「内核」と液体の鉄からなる「外核」に分かれており（28〜29ページ），外核の液体の鉄が流動することで地球磁場が保たれています。

コーヒーブレーク

グリーンランドで発見された最古の海の証拠

グリーンランドにある約38億年前の地層には，海水中で冷えてかたまったとみられる溶岩が残されています。これは，この時代の地球にすでに広大な海があったことを物語っています。

デンマークの地質学者ミニック・ロージング（1957〜）は，1999年に古い生命の痕跡を報告しました。グリーンランドにある約38億年前の地層に，炭素のかたまりである黒いシミをみつけたのです。

宇宙に存在する炭素には，軽い炭素（^{12}C）と重い炭素（^{13}Cなど）があります。**生物が二酸化炭素などを取りこむとき，軽い炭素がより速く取りこまれることがわかっています。ロージングは38億年前の地層に残る炭素のかたまりに，軽い炭素がより濃縮されていることを突き止めました。**この濃縮は，約38億年前の地球に存在していた，何らかの生物の活動によるものだというのです。

枕状溶岩

枕状溶岩は，陸地では決してできないものと考えられています。この溶岩があることから，かつて一帯が海の底だったと推測できます。

写真は，小笠原諸島・父島にある枕状溶岩（ボニナイト）。4800万〜4600万年前，海底の火山活動により生じたものと考えられています。

グリーン
ランド

イスア

何層にも積み重なる
枕状溶岩

枕状溶岩

生命の材料は雷がつくった？

オパーリンの「化学進化」説を，
ミラーが実験で再現した

生命は，どうやって生まれたのでしょう。ロシアの科学者アレクサンドル・オパーリン（1894～1980）は，1924年，生命の誕生が3段階を経ておきるという「化学進化」をとなえました。

まず第1段階で，大気中のメタンやアンモニアが反応し，アミノ酸や塩基などがつくられます。第2段階では，タンパク質や核酸がつくられて海中にたまり，「原始スープ」ができます。そして第3段階で，タンパク質や核酸を包んだ原始細胞ができ，最初の生命になったというものです。

オパーリンの考えは，すぐには受け入れられませんでした。当時，アミノ酸などの化合物は，生物だけがつくることができると考えられたからです。その状況を一変させたのは，アメリカの科学者スタンリー・ミラー（1930～2007）でした。

ミラーは，当時の想定にもとづき，原始地球の大気を再現する実験を行いました。アンモニア，メタン，水素，水蒸気の混合気体をフラスコの中で循環させて，雷に相当する放電をつづけたのです。何日かすると，フラスコの底には，アミノ酸や塩基などがたまっていました。オパーリンのいう，化学進化の第1段階が再現されたのです（56～57ページでくわしく紹介します）。

ミラーの実験

ミラーが想定した原始地球の大気から，雷のエネルギーによってアミノ酸や塩基が合成されるようすをえがきました。アミノ酸や塩基は，シアン化水素やホルムアルデヒドなどの中間体を経てつくられたものであるとみられています。

アンモニア（NH_3）

水（H_2O）

メタン（CH_4）

宇宙線

二酸化炭素（CO_2）

水（H_2O）

窒素（N_2）

一酸化炭素（CO）

ホルムアルデヒド（CH_2O）

シアン化水素（HCN）

アミノ酸（グリシン）

アミノ酸（アラニン）

アミノ酸（アラニン）

塩基（アデニン）

アミノ酸（グリシン）

生命誕生のきっかけは雷ではなく宇宙線？

現在では，原始地球の大気の主成分は，メタンやアンモニアなどの反応しやすい分子ではなく，窒素や二酸化炭素などの反応しづらい分子だっただろうと考えられています。雷を模した放電ではなく，宇宙線（宇宙から飛来する放射線）を模した陽子ビームをこれらのガスに当てると，複数のアミノ酸などがつくられることも確かめられています。生命の材料をつくったのは，雷ではなく，宇宙線のエネルギーだったのかもしれません。

生命の材料は，
隕石や彗星がもたらした？

DNA・RNAをつくる「塩基」を隕石から発見！

ウラシル

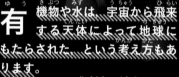

有機物や水は，宇宙から飛来する天体によって地球にもたらされた，という考え方もあります。

生命にとって重要な有機物には，タンパク質の材料である「アミノ酸」と，遺伝情報を保存するDNA（デオキシリボ核酸）・RNA（リボ核酸）の材料になる「核酸塩基」や「糖」があります。そのうちアミノ酸については，1969年にオーストラリアに落下した「マーチソン隕石」などの，水や有機物を多く含む「炭素質隕石」から検出されています。また，2016年にはESA（ヨーロッパ宇宙機関）の彗星探査機「ロゼッタ」が，「チュリュモフ・ゲラシメンコ彗星」の核から放出された物質を分析し，アミノ酸の一種であるグリシンを検出しました。さらに2022年6月には，小惑星探査機「はやぶさ2」が持ち帰った小惑星リュウグウの試料から23種類ものアミノ酸が検出されました。

一方の核酸塩基についても，2022年4月に重要な研究成果が発表されました。北海道大学などの研究チームが，マーチソン隕石を含む三つの炭素質隕石から，DNA・RNAに含まれる5種類の核酸塩基（アデニン・グアニン・シトシン・チミン・ウラシル）のすべてを検出したのです※。

隕石の場合，たとえ有機物が検出されたとしても，地球の物質が混入した可能性がどうしても否定できません。しかし，宇宙探査機による天体の「その場観測」や，天体から採取した試料の直接分析で有機物が検出されれば，彗星や小惑星に有機物が含まれているゆるぎない証拠となります。

※：Oba, Y., Takano, Y., Furukawa, Y. et al., Nat Commun 13, 2008 (2022).

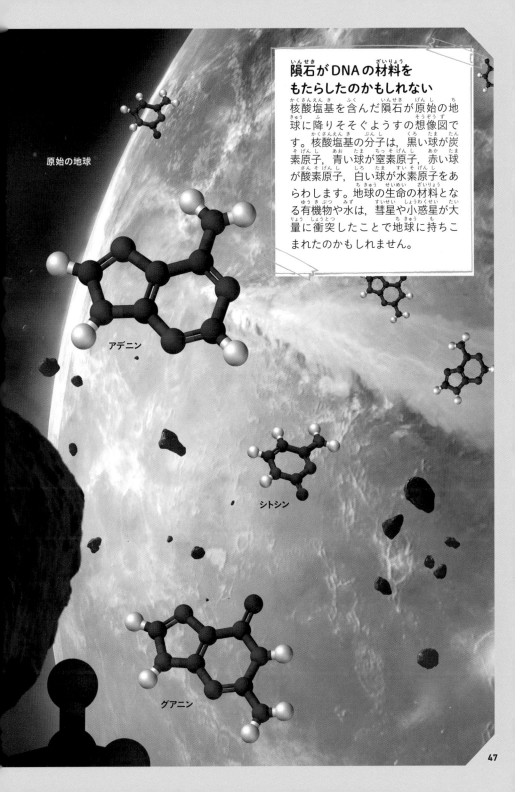

隕石がDNAの材料をもたらしたのかもしれない

核酸塩基を含んだ隕石が原始の地球に降りそそぐようすの想像図です。核酸塩基の分子は，黒い球が炭素原子，青い球が窒素原子，赤い球が酸素原子，白い球が水素原子をあらわします。地球の生命の材料となる有機物や水は，彗星や小惑星が大量に衝突したことで地球に持ちこまれたのかもしれません。

原始の地球

アデニン

シトシン

グアニン

化学反応でできた
微粒子の"煙"

生命誕生の最有力
候補地は, 海の底

海底の「熱水噴出孔」が
生命を誕生させた?

ほとんどの研究者は, 最初の生命が誕生した場所は海の中であるという考えで一致しています。

生命現象はさまざまな化学反応の組み合わせでおきます。そのため, 生命にとって, 化学物質をとかしこむ水は欠かせないものです。実際, 私たちの細胞と海水の成分はよく似ています。これも海が生命の母であることを物語っています。

では, 海のどこで生命は誕生したのでしょうか。その有力な候補地とみられるのが, 海底の「熱水噴出孔」です。熱水噴出孔とは, その名のとおり, 地下のマグマであたためられた熱水が海底から噴きだす場所です。ここでは, 海底にしみこんだ水が地熱によって熱せられ, 約350〜400℃の熱水となって噴きだしています。

アメリカの潜水艦「アルビン号」が1977年にガラパゴス諸島沖の海底で発見して以来, 熱水噴出孔は世界各地の海底でみつかっています。

約350 〜 400℃の熱水が噴きだす「熱水噴出孔」

熱水噴出口をえがきました。噴きだす熱水には，硫化鉄などのさまざまな鉱物がまじって，黒い煙のようにみえることもあります。そのような熱水噴出孔は「ブラックスモーカー」ともよばれます。

熱水噴出孔
（ブラックスモーカー）

熱水噴出孔
（ホワイトスモーカー）

生命誕生までの長い道のり

海底の熱水噴出孔に生物の祖先がいた？

生命誕生につごうのいい点がたくさんあった

生命誕生の有力な候補地とされているのが，海底の熱水噴出孔です（前ページ）。しかし，なぜ熱水が噴きだすような熱い場所から，生命が誕生したと考えられるのでしょうか？

熱水噴出孔には熱水というエネルギー源があります。そして，ここから噴きだす熱水にはメタンやアンモニアなど，複雑な有機物の材料となる物質が豊富に含まれます。さらに，熱水噴出孔の付近には，代謝に必要な金属イオンも豊富です。このように，**熱水噴出孔には生命誕生につごうのいい条件がそろっていたのです。**

ところで，$100{}^\circ\text{C}$を大幅にこえた熱水がなぜ沸騰しないのか，疑問に思った人もいるでしょう。熱水噴出孔は深い海の底にあるため，水圧がとても高くなります。一般に，外圧が高くなると沸点は上がり，低くなると沸点は下がります。そのため，$100{}^\circ\text{C}$以上の熱水が存在できたのです。

熱水噴出孔での反応想像図

熱水噴出孔から噴きだす熱水の中で，アミノ酸がつながってタンパク質になる反応がおきたと考える研究者もいます。こうした反応は，通常の水の中ではおきません。

50

鉱物を含んだ熱水

アミノ酸の重合体

つながったアミ
ノ酸が熱水から
抜けだす

熱水のはたらきで
アミノ酸がつながる

アミノ酸を含む海水が
熱水とまざる

さまざまなアミノ酸

熱水噴出孔

冷たい水が
流入する

熱せられた水が上昇する

マグマ

「膜のカプセル」が
生命誕生のかぎをにぎる

最初に出現した膜については
さまざまな説がある

生命の出現には，活発な化学反応が必要です。生命の材料分子をいくら用意しても，大量の水があるところでは分子が拡散してしまいます。

オパーリン（44～45ページ）は，生命の誕生には，外界との境界をなす「膜のカプセル」が必要だととなえました。膜のカプセルの中に生命の材料となる分子を閉じこめれば，分子どうしが出会う機会がふえて，化学反応が活発になるかもしれません。そうして，生命現象をいとなむ原始の細胞が誕生したと考えたのです。

現在の生物がもつ細胞膜は，「リン脂質」という分子が集まってできています。しかし，リン脂質は触媒がない限り，自然につくられるのがむずかしい有機物です。**どんな膜が最初に出現したのかについては，さまざまな説があります。**リン脂質の膜が最初だとする研究者もいれば，タンパク質でできた膜が最初だと考える研究者もいます。

最初の細胞の想像図

原始の海に誕生した，最初の細胞の想像図です。何らかの分子を材料にした細胞膜の中に，大小さまざまな化合物が閉じこめられ，それらがさまざまな化学反応を通じて結ばれます。こうした化学反応のネットワークが，生命のはじまりだったと考えられています。

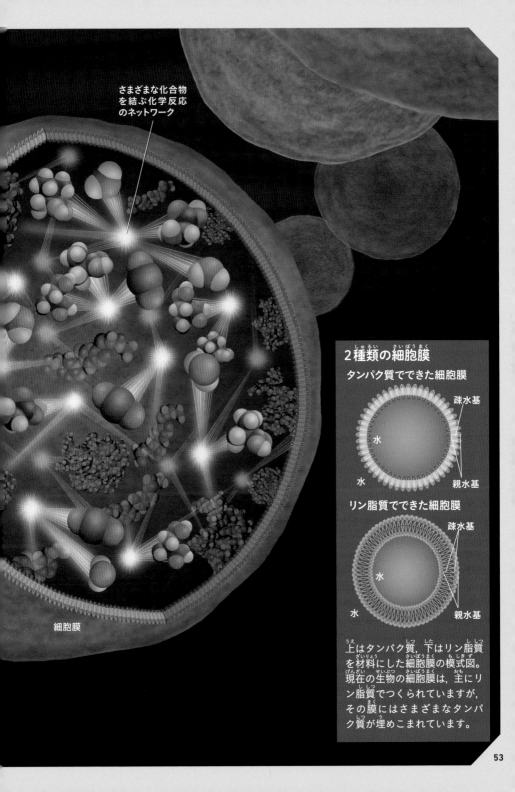

さまざまな化合物
を結ぶ化学反応
のネットワーク

細胞膜

2種類の細胞膜

タンパク質でできた細胞膜

疎水基

水

水

親水基

リン脂質でできた細胞膜

疎水基

水

水

親水基

上はタンパク質，下はリン脂質
を材料にした細胞膜の模式図。
現在の生物の細胞膜は，主にリ
ン脂質でつくられていますが，
その膜にはさまざまなタンパク質が埋めこまれています。

生命の誕生は、いまだ謎に包まれている

生命起源の研究には二つのアプローチがある

　　最初の生命がどんな分子から生まれたのか、その決着はまだついていません。

　生命起源の研究には、二つのアプローチがあります。一つは、化学進化によって無機物からどのような有機物が生じ、どのような生命体がつくりだされたのかを検証するアプローチです。もう一つは、現在の生物の祖先をたどり、その共通祖先や、さらに原始的な生命の姿をさぐるアプローチです。

　両者のギャップを埋める道の一つは、実験室の中で「人工生命」をつくりだし、その成立条件をさぐることだといわれています。条件さえととのえば、近い将来、実験室で生命とよべるものをつくりだすことに成功するかもしれません。そしてもう一つが、宇宙生命探査への期待だといいます。生命の起源は何か、そして生命とは何かを知るには、私たちはもっと多くの種類の生命を知る必要があるというのです。

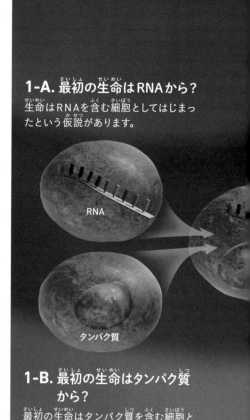

1-A. 最初の生命はRNAから？
生命はRNAを含む細胞としてはじまったという仮説があります。

RNA

タンパク質

1-B. 最初の生命はタンパク質から？
最初の生命はタンパク質を含む細胞としてはじまったという仮説もあります。

「共通祖先」への進化（1〜3）

地球上の生物は，例外なくDNAをもっています。そして，すべての生物はDNAの遺伝情報をRNAへとコピーし，それを設計図にしてタンパク質をつくります。このことから，歴史のどこかで，DNA・RNA・タンパク質のすべてを利用する「共通祖先」が誕生したと想定できます。最初の生命がどんな分子をもっていたかは，まだ解き明かされていません（**1-A**, **1-B**）。しかし多くの研究者は，最初の生命はある時点でRNAとタンパク質の両方をそなえたものに進化し（**2**），その後，DNAをも利用する共通祖先へと進化した（**3**）と考えています。

3. DNAをもつ「共通祖先」の出現

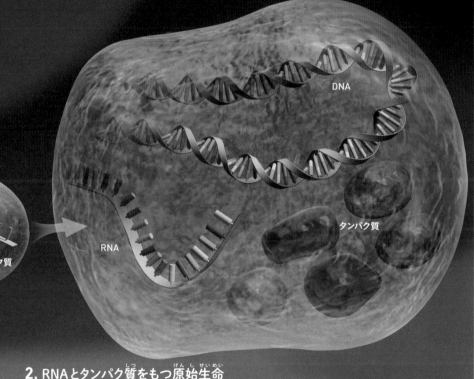

DNA

タンパク質

RNA

NA

ンパク質

2. RNAとタンパク質をもつ原始生命

どちらの仮説も，ある時点で最初の生命は，RNAとタンパク質の両方を利用する段階に移行したと考えます。

生命誕生の謎にせまった スタンリー・ミラー

スタンリー・ミラーは，生命のいない原始の地球でも，生命の材料となるアミノ酸などの有機物が合成される可能性を実験で示した研究者です（44〜45ページ）。彼の実験は生命の起源をさぐる研究を大きく飛躍させるものでした。

ミラーは，1930年3月7日，カリフォルニア州オークランドに生まれます。化学を学ぶことを志し，カリフォルニア大学バークレー校に進み，のちにシカゴ大学の大学院生となります。

大学院生のミラーは，重水素の発見で1934年にノーベル化学賞を受賞した，ハロルド・ユーリー（1893〜1981）のセミナーに出席します。ユーリーはそこで，原始の地球の大気組成が現在とことなることや，原始の地球で生命の材料となる有機物が合成される可能性について話しました。ミラーはユーリーのアイデアに興味を惹か

れ，ユーリーのもとで研究を行うことになります。

当時，生命の起源については，無機物から有機物がつくられ，その有機物の反応から生命が生まれたとする，化学進化説がアレクサンドル・オパーリンによってとなえられていました。しかし，アミノ酸などの有機物は，生命活動によってしかつくることができないと考えられていたため，化学進化説はなかなか受け入れられませんでした。

このような時代背景において，ミラーはユーリーのもと，原始の地球を実験装置の中で再現し，有機物が合成されるのかを調べる実験に取り組むようになります。装置の中にメタンや水素，アンモニアなどを入れ，さらに雷を再現するために放電をつづけたのです。

すると数日後，容器の中に，タンパク質の構成要素となるアミノ酸や，核酸の成分であるピリミジ

ン，生命活動のエネルギー源となるATPの要素となるアデニンなどの有機物が検出されました。**この実験により，アミノ酸などの有機物が，無機物から合成されうることが示されたのです。** 1953年に行われたこの実験は，科学界に衝撃をあたえ，ミラーの実験，またはユーリー・ミラーの実験とよばれました。

現在，ミラーの実験で想定した大気の組成は，実際の原始地球での大気組成とはことなっていたのではないかと考えられています。 しかし，科学的な手法で生命誕生の実証実験を行ったミラーの業績は，現在も色あせてはいません。

晩年のミラーは，カリフォルニア大学サンディエゴ校の化学科名誉教授となりましたが，2007年に心不全によって77歳でこの世を去りました。

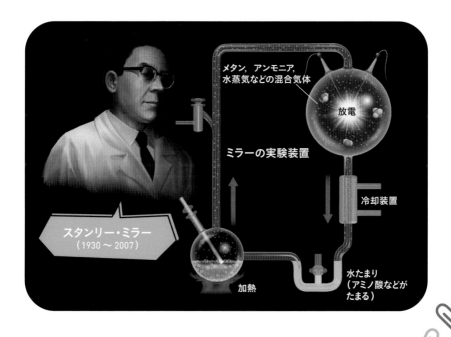

メタン，アンモニア，
水蒸気などの混合気体

放電

ミラーの実験装置

冷却装置

スタンリー・ミラー
（1930 〜 2007）

加熱

水たまり
（アミノ酸などが
たまる）

3

酸素の発生と
地球大凍結
30億〜6億年前

およそ27億年前，光合成をして酸素を出す
生物が登場すると，地球の環境は一変しま
した。一方，地球の表面全体が氷でおおわれ，
生命が大きな打撃を受けたこともあったと
いいます。3章では地球に発生した酸素と，
地球の大凍結についてみていきましょう。

地球に酸素はなく，空は赤かった

メタンや二酸化炭素などが豊富にあった

メタン

成長する岩石，ストロマトライト

シアノバクテリアの死がいと泥などからなる層状の岩石。シアノバクテリアはストロマトライトの表面で光合成を行い，死ぬと次の世代のシアノバクテリアの足場になります。こうしてストロマトライトはゆっくりとドーム状に成長していきます。現在も，オーストラリア西部のシャーク湾に，生きたシアノバクテリアがつくるストロマトライトが存在します。

鉄イオン

27億年前ごろの地球には，地球とは思えない風景が広がっていました。空は赤みがかっており，遠くのほうはかすんでいます。そしてその空の色を映す海もまた，赤みがかっていました。

このころ，地球の大気には酸素がほとんどなく，二酸化炭素やメタンなどの温室効果ガスが豊富にありました。また，メタンの化学反応でできる微粒子が，大気中に大量に存在していたと考えられています。空が赤っぽくかすんでいたのはそのためだったのです。一方，海には鉄イオンが豊富にとけていました。

当時の地球には，二酸化炭素やメタンなどの温室効果ガスが豊富にあったため，温暖な環境が維持されていました。このため，酸素を必要としない，単細胞の「原核生物」たちが生息していました。そして27億年前ごろまでに，「シアノバクテリア」とよばれる原核生物が大発生しました。

酸素がほとんどなかったころの地球

大気の成分は窒素，二酸化炭素，メタンなどでした。微粒子が多いために遠くがかすんでみえ，空が赤っぽかったと考えられています。

二酸化炭素

シアノバクテリアが空を青くした

光合成を行う生物が登場!

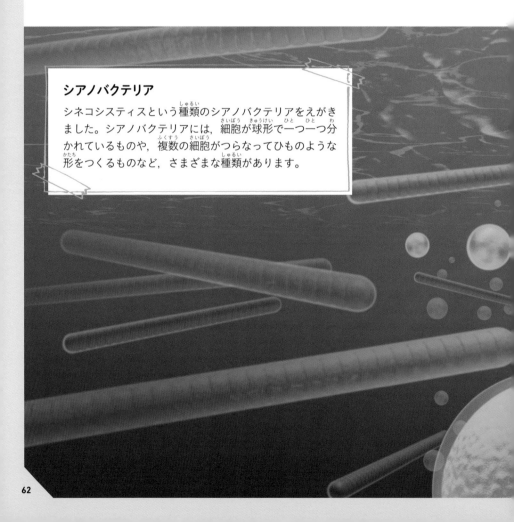

シアノバクテリア

シネコシスティスという種類のシアノバクテリアをえがきました。シアノバクテリアには,細胞が球形で一つ一つ分かれているものや,複数の細胞がつらなってひものような形をつくるものなど,さまざまな種類があります。

27億年前ごろの地球に大発生したシアノバクテリア（前ページ）は，地球の環境を，7億〜8億年かけて激変させていきました。

シアノバクテリアは，二酸化炭素と水と太陽の光を利用して光合成を行い，自分の体をつくり，酸素を放出する，はじめての生物だと考えられています。シアノバクテリアが光合成を行って放出した酸素は，海中の鉄イオンと反応して「酸化鉄」になり，海底に堆積しました。一方，大気中では酸素とメタンが反応し，メタンを減少させました。その結果，メタンによってできる微粒子が減り，赤かった空は青く澄みわたった空へと変わっていったのです。

酸素は，今からおよそ25億年前以前には，大気中にほとんど存在していなかったと考えられています。それが24億年前ごろから急増し，大気中の酸素濃度は1000倍以上に高まったと考えられています。

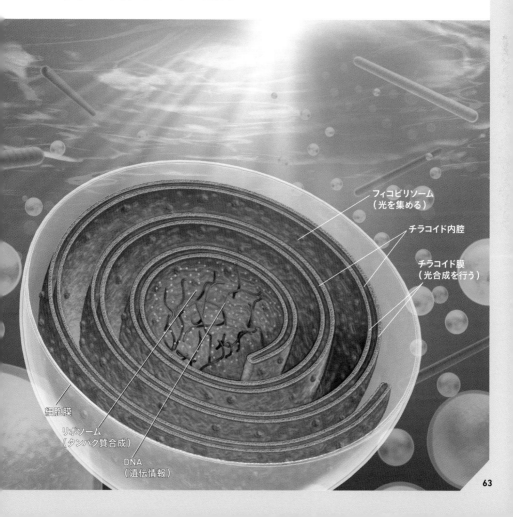

フィコビリソーム
（光を集める）

チラコイド内腔

チラコイド膜
（光合成を行う）

細胞膜

リボソーム
（タンパク質合成）

DNA
（遺伝情報）

24億年前，地表全体が厚い氷におおわれた

シアノバクテリアの光合成により，温室効果をもつ二酸化炭素とメタンが減少

シアノバクテリアの光合成によって，地球にとあるビッグイベントが引きおこされたとも考えられています。今から24億年前ごろ，地球の表面全体が氷におおわれてしまったのです。

光合成は大気中の二酸化炭素を減少させ，酸素を増加させました。また，酸素とメタンが反応したことで，メタンも減少していきました。温室効果をもつ二酸化炭素とメタンが減ったことにより，地球はどんどん寒冷化し，ついに地球の表面全体が氷でおおわれる「全球凍結」がおきたのです。これは，地球史上初の全球凍結だとされています。

シアノバクテリアは，みずからが引きおこした全球凍結によって氷の下に閉じこめられ，いったん光合成量が減少しました。しかし火山が放出する二酸化炭素が大気中に十分ふえ，氷がとけると，ふたたび光合成を行うようになりました。

全球凍結したころの地球

空は青く澄みわたり，見渡す限り氷原が広がっています。24億年前，地球は，温室効果ガスが減ったことにより，1度目の全球凍結に見舞われました。

厚い氷

有害な紫外線を吸収する オゾン層の誕生

当初は上空ではなく,地表付近にあった

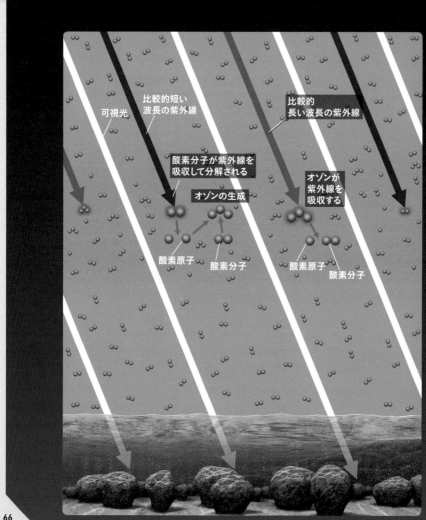

可視光

比較的短い
波長の紫外線

比較的
長い波長の紫外線

酸素分子が紫外線を
吸収して分解される

オゾンの生成

オゾンが
紫外線を
吸収する

酸素原子

酸素分子

酸素原子

酸素分子

地上から約2万～2万5000キロメートル上空の領域（成層圏内）は，「オゾン層」とよばれています。オゾン層は，私たち生物にとって有害な紫外線を吸収する「オゾン」が集中している領域です。オゾンとは，酸素原子が三つ結合した分子（O_3）のことです。

オゾン層ができたのは，酸素濃度が上昇したおよそ22億年前だと考えられています。大気中の酸素分子（O_2）に比較的波長の短い紫外線が当たると，二つの酸素原子（O）に分解されます。すると酸素原子はほかの酸素分子と結合して，オゾンができます。

オゾン層は当初，現在のような上空ではなく，地表付近にあったと考えられています。酸素濃度が低いうちは紫外線が地表付近まで到達し，オゾンの生成が地表付近で行われたと考えられるからです。地球上の酸素濃度は6億年ほど前にも急上昇したとされ，このころになるとオゾンの生成は，現在のように成層圏で行われるようになっていた可能性が高くなります。

オゾン層は2段階で形成された？

下のイラストは，約22億年前にはじめて形成されたオゾン層のようすです。紫外線が地表付近まで到達することにより，地表付近が最もオゾンの濃度が高かったと考えられています。左ページのイラストでは，上空で形成されるようになった約6億年前のオゾン層をえがきました。

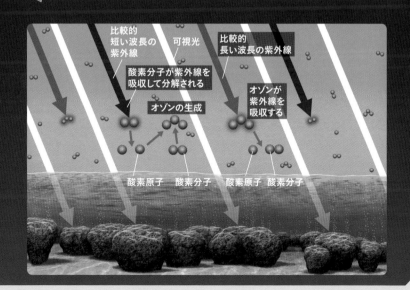

比較的短い波長の紫外線　可視光　比較的長い波長の紫外線

酸素分子が紫外線を吸収して分解される

オゾンの生成

オゾンが紫外線を吸収する

酸素原子　酸素分子　酸素原子　酸素分子

酸素を効率よく使用する『真核生物』の登場

酸素呼吸をする原核生物を細胞内に取りこんだ

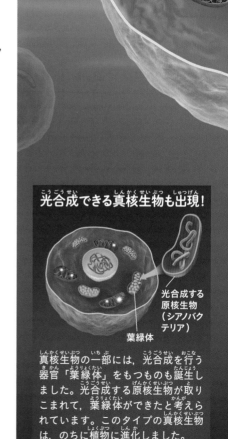

21億年ほど前,「原核生物」よりもはるかに構造が複雑で,さまざまな器官をもつ「真核生物」が出現しました。真核生物とは,自分の遺伝情報を記録したDNAを膜でおおった,「核」とよばれる器官をもつ生物のことです。

真核生物の器官の一つである「ミトコンドリア」は,酸素を使って栄養を分解し,その際に得られるエネルギーで真核生物の活動を支えています。このミトコンドリアを,真核生物はどのようにして獲得したのでしょうか?

当時,一部の原核生物に,酸素呼吸をする進化がおきたと考えられています。酸素を使って栄養を分解すると,大きなエネルギーを得られるためです。この酸素呼吸をする原核生物が,ミトコンドリアの祖先だとされます。**つまり真核生物は,酸素呼吸をする原核生物を細胞内に取りこむことで,酸素がふえつつある環境に適応したと考えられています。**

光合成できる真核生物も出現!

光合成する原核生物（シアノバクテリア）

葉緑体

真核生物の一部には,光合成を行う器官「葉緑体」をもつものも誕生しました。光合成する原核生物が取りこまれて,葉緑体ができたと考えられています。このタイプの真核生物は,のちに植物に進化しました。

真核生物はどのようにして出現したのか？

真核生物が出現したとき，ミトコンドリアをどのように獲得したのかの仮説を図に示しました。現在の真核生物の細胞の中にあるミトコンドリアを調べてみると，内部に独自のDNAが存在しています。つまりミトコンドリアは，かつて独立した生物だったと考えられます。

膜の中に入った
DNA（核）

ミトコンドリア

エネルギー

真核生物

3.真核生物が出現

DNAが膜に囲まれた「核」や，酸素の取りあつかいに特化した器官「ミトコンドリア」をもつ単細胞生物「真核生物」が出現しました。

取りこまれていく
酸素呼吸生物

2.独立した酸素呼吸生物が取りこまれた

ミトコンドリアは，かつて独立した酸素呼吸生物でした。ところがあるとき別の原核生物に取りこまれ，ミトコンドリアになったと考えられています。

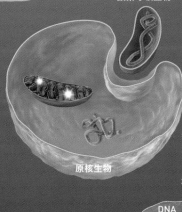

原核生物

酸素　栄養

酸素呼吸する
原核生物

水素

二酸化炭素

1.2種類の生物が
　　共生関係にあった

酸素呼吸をする原核生物は，酸素と栄養を取りこんで，水素と二酸化炭素と酢酸を排出します。メタン菌は，水素と二酸化炭素と酢酸を取りこんで，メタンを排出します。

DNA

酢酸

メタンをつくる原核生物
（メタン菌）

エネルギー

メタン

19億年前，最古の超大陸「ヌーナ」が誕生

当時の地球では，きわだって大きい陸地だった

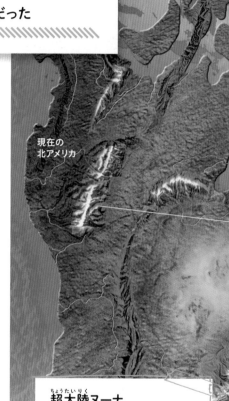

超大陸
ヌーナ

現在の
北アメリカ

地球の表面は，10数枚のプレートにおおわれています（30〜31ページ）。プレートは1年に数センチメートル程度の速度で移動しており，プレートどうしが衝突する場所では地中へと沈みこんでいきます。

しかしプレートの上に大陸がのっていると，大陸は盛り上がり，高い山脈が形づくられます。

こうしてできた大山脈は年月を重ねるうちに雨や風でけずられ，最終的には平地になります。しかし，地下には山脈の痕跡が残ります。

1980年代，カナダの地質学者ポール・ホフマン（1941〜）は，約19億年前につくられた"過去の山脈"が世界各地にあることに注目しました。そして各大陸の同時代の地層をパズルのように組み合わせると，山脈の配置に加え，その周辺の岩石の種類までもがぴたりと一致したといいます。彼はこれを「超大陸ヌーナ」と名づけました。

ヌーナは地球史はじまって以来の，最初の超大陸とされています。

超大陸ヌーナ

今から19億年前に誕生したとされる最古の超大陸「ヌーナ」の復元図。ヌーナ（Nena）とは，「North Europe and North America」に由来します。ヌーナ以降も大陸は分裂と集合をくりかえし，ときにはさらに巨大な超大陸をつくっていきます。

注：イラストは山脈を強調してえがいています。また，
河川や雪は当時を想定したものです。

現在のグリーンランド

C

D

E

B

現在の北ヨーロッパ

A

19億年前の大山脈
（想像図）

約19億年前の大陸配置。この
時代の陸地は，まだ小さいも
のが多く，その中でヌーナ
は，きわだって大きい陸地だ
ったと考えられています。

世界に残る約19億年前の山脈

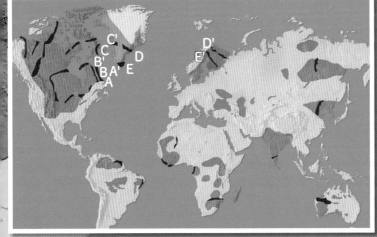

C'
C
B'
D
BA'E
A

D'
E'

こげ茶色は20億～18
億年前につくられた山
脈（の痕跡），オレンジ
色は20億年以上前の
陸地です。A～EとA'～
E'をそれぞれ組み合わ
せることで，超大陸ヌー
ナを復元することが
できます。

いくつかの大陸が南半球に集まった

のちに生物の大繁栄の舞台となる,母なる大地

今からおよそ19億年前,地球史上最初の超大陸「ヌーナ」が誕生しました(前ページ)。その後いくつかの大陸が一つに集まり,およそ9億年前には,南半球に超大陸「ロディニア」が出現しました。

ロディニアという名前は,ロシア語で故郷や母国語などを意味する「ロディナ」という言葉にちなんでつけられました。ロディニアには,まだ陸地に植物などの生物が存在しなかったため,岩や砂地がむきだしの,荒涼とした大地が広がっていました。この広大な大地は風雨に浸食され,生物の栄養になるリン酸などの物質が陸地から海に流れこんでいきました。

そのためロディニアの沿岸の海は,のちに「エディアカラ生物群」とよばれる生物たちの生息場所や,「カンブリア大爆発」とよばれる生物大繁栄の舞台となる,まさに母なる大地になったのです。

超大陸ロディニア

およそ9億年前に存在した超大陸ロディニア。ロディニアの細部がどんな配置だったかについては,さまざまな説がとなえられています。

注：図にえがいたロディニア大陸の配置は，2008年にオーストラリア・カーティン大学の
李正祥教授らが発表した論文をもとにしています。

超大陸が分裂し，地球はふたたび氷づけに！

2度目の全球凍結の原因は，超大陸ロディニアの分裂？

地球はこれまでに何回か全球凍結をし，2度目の全球凍結は7億1500万年前ごろにおきたと考えられています。このときの全球凍結には超大陸ロディニアの分裂が，温室効果をもつ二酸化炭素の減少にかかわっていたという仮説が有力視されています。

9億年前に形成されたロディニアは，7億5000万年前ごろから少しずつ分裂をはじめたと考えられています。分裂したロディニアの間に海ができると，かつて内陸にあった乾燥した地域にも，雨が降るようになりました。雨は大気中の二酸化炭素を取りこみ，さらに地上の岩石に含まれるカルシウムなどの金属元素をとかして，海へと流しました。そして二酸化炭素と金属元素は，水中で反応して「炭酸塩」となり，海底に堆積しました。

こうして大気中の二酸化炭素が減少し，地球全体が凍結するほどの寒冷化がはじまったと考えられています。

分裂するロディニア

超大陸ロディニアは，数千万～数億年の時間をかけて少しずつ分裂していきました。当時の大陸のほとんどは，赤道付近に分布していたと考えられています。

コーヒーブレーク

地下の「マントル」の対流が大陸を動かす

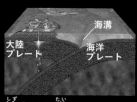

海溝
大陸プレート
海洋プレート

マントル対流が多様な地形をつくる

地球の断面図でマントルの対流のようすと，それによって生じるさまざまな地形をえがきました。

沈みこみ帯

海洋地殻をのせたプレートと大陸地殻をのせたプレートが衝突する場所では，海洋プレートが大陸プレートの下に沈みこみます。日本の太平洋側沿岸には，このタイプのプレート境界があり，地震や火山活動の原因になっています。

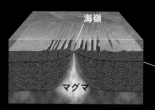

海嶺
マグマ

海嶺

マントルが上昇する場所では，マグマが噴きだして海底火山（海嶺）ができ，海洋プレートが広がる起点となります。

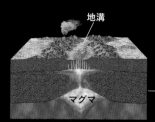

地溝
マグマ

地溝

大陸地殻をのせたプレートの下からマグマが上昇してくると，プレートはいったん押し上げられたあと引きさかれ，沈みこみます。地溝が深くなると海が進入してきて，陸地が海に分断され，その後は海嶺となります。

大陸が数億年の時を経てくっついたりはなれたりするのは、地球内部の「マントル対流」によるものです。

マントルは，地球の地下2900キロメートルの深さまでつづく岩石の層です（28〜29ページ）。地球は10数枚のプレートでおおわれており（30〜31ページ），そのうち上部を大陸地殻が占めているものを「大陸プレート」とよびます。**大陸プレートはマントル対流にと**もない，地球の表面を移動しつづけています。

また，熱いマントルが上昇することで，プレートが引きさかれることがあります。その場所が大陸プレートだった場合は地溝※ができ，地溝がある程度深くなると，海が進入してきて大陸が分裂します。その後は海中に山脈（海嶺）ができ，新しいプレートをつくりつづけることで，分裂した二つの大陸を遠ざけていくのです。

※：ほぼ平行する2つの断層にはさまれて，陥没している帯状の地形。

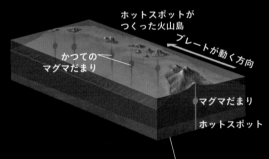

ホットスポットがつくった火山島

プレートが動く方向

かつてのマグマだまり

マグマだまり

ホットスポット

ホットスポット

地下深くからスポット状のマグマを数千万年にわたって供給する地点「ホットスポット」では，海山や火山島ができます。ハワイ諸島（左）は，その代表です。

大山脈

マントルが下降する場所では，プレートどうしが衝突します。大陸地殻がのったプレートどうしが衝突すると，大山脈ができます。その代表がヒマラヤ山脈です。

海洋プレート

大陸プレート

マントル対流

沈みこむプレート

マントル対流

海嶺

熱いマントル

マントル対流

内核（固体の鉄など）

外核（液体の鉄など）

ミクロの世界での大進化，『多細胞生物』の登場

細胞を傷つける酸素の急増が理由と考えられている

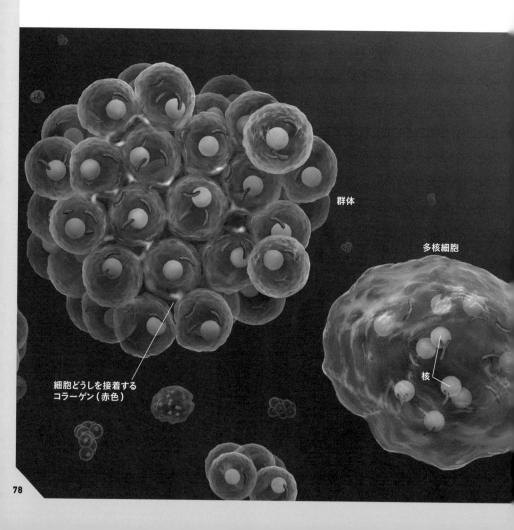

群体

多核細胞

核

細胞どうしを接着するコラーゲン（赤色）

複数の細胞からなる「多細胞生物」は，およそ6億3000万年前に誕生したと考えられています。私たち人間も，約40兆個もの細胞が集まった多細胞生物です。

　単細胞生物から多細胞生物への進化がおきた理由の一つとして，約6億年前に海洋中の酸素濃度が急増したことが考えられています。酸素は，栄養を分解して大きなエネルギーを取りだすために欠かせない反面，細胞自身を傷つけやすいという欠点があります。そこで細胞どうしで集まることで，表面にある細胞以外は過剰な酸素にさらされずにすむようにした，というのです。

　一方，実は多細胞生物はもっと昔に出現していて，酸素がふえたのをきっかけに繁栄したという説もあります。酸素が急増したことで，細胞どうしを接着する「コラーゲン」をつくりやすくなり，多細胞生物がふえたというのです。

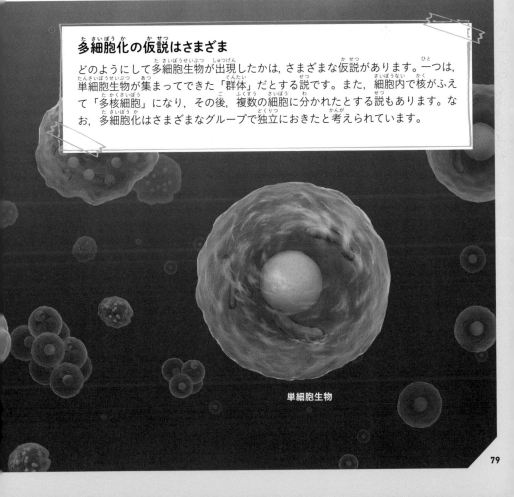

多細胞化の仮説はさまざま

どのようにして多細胞生物が出現したかは，さまざまな仮説があります。一つは，単細胞生物が集まってできた「群体」だとする説です。また，細胞内で核がふえて「多核細胞」になり，その後，複数の細胞に分かれたとする説もあります。なお，多細胞化はさまざまなグループで独立におきたと考えられています。

単細胞生物

凍った地球で
生物はどう生きのびた？

火山のまわりや熱水噴出孔に避難したり，
氷の中で眠ったりしていた？

地球はこれまでに何度か全球凍結しています（64〜65, 74〜75ページ）。化石などの記録がとぼしいため確認できませんが，全球凍結こそ，史上最大の生物の絶滅事件だったのかもしれません。とはいえ，中にはしぶとく生き残った生物たちもいたはずです。地表が氷でおおわれた極限環境で，生物はどうやって生きのびたのでしょうか？

たとえば氷に閉じこめられた光合成生物が，たまたま周囲の氷がとけたときにだけ生命活動を再開し，光合成することで生きのびていたかもしれません。実際，現在の氷河の上には，そのようにしてほそぼそと生きる生物が存在します。

また，火山のまわりの温泉や海底の熱水噴出孔など，氷におおわれずにすんだ"避難所"で生きていたのかもしれません。こうして運よく生きのびた生物たちが，次の時代に広がり，進化していったと考えられるのです。

宇宙に浮かぶ巨大なスノーボール

全球凍結中の地球の想像図。氷は太陽光をよく反射するため，地球は白くかがやいていたはずです。

生物はどこにいた？（1〜3）

1. 火山のまわりの温泉？

地球が全球凍結している間も，火山活動はつづいていました。火山のまわりに凍らずにすんだ領域が残っていました。

2. 氷に閉じこめられ眠っていた？

現在の氷河の表面には，氷の中に閉じこめられたまま生きる光合成生物（シアノバクテリア）などが存在します。

3. 海底の熱水噴出孔？

海底の熱水噴出孔（48〜51ページ）で生物が生きのびていた可能性があります。

4

動物の陸上進出と大陸の分裂

5億7000万〜6600万年前

海中で繁栄していた生物たちの一部が，少しずつ陸上に進出し，進化していきました。また，超大陸が形成され分離したことも，陸上生物の多様化に関係していきます。4章では，生命の上陸から恐竜の時代までをみていきましょう。

海中に生命の楽園がつくられた

複雑な感覚器官をもたない、やわらかな生物たち

約5億7000万年前，分裂した超大陸ロディニア（72〜73ページ）の周囲に広がる浅い海では，「エディアカラ生物群」とよばれる生物たちが暮らしていました。

エディアカラ生物群は，骨や歯，殻などのかたい部分や，眼などの複雑な感覚器官をもたない生物だったと考えられています。そのため，たがいの存在に気づきにくく，ほかの生物を襲うことは少なかったとみられています。動けないものはただよってきた有機物をこしとって吸収し，動けるものは海底をはいまわり，バクテリアなどを食べていたようです。

しかしエディアカラ生物群は，このあとのカンブリア紀に子孫を残すことなく，絶滅したといわれます。彼らの体節には，共通してたがいちがいの構造があります。この構造は，のちの生物にはいっさいみられません。ただし，絶滅の理由は不明で，ごく一部はカンブリア紀の初期まで生きのびたという考え方もあります。

エディアカラの園

エディアカラとは，当時の化石が多数みつかる南オーストラリアの「エディアカラ丘陵」に由来しています。古生代のカンブリア紀以降にみられる食う・食われるの本格的な関係がまだ成立していないとみて，旧約聖書の楽園である「エデンの園」にちなみ，この時代を「エディアカラの園」とよぶことがあります。

カルニオディスクス

葉っぱのような平たいもの。全長数十センチメートルから1メートルほど。

ディッキンソニア
最大1メートル弱。

キンベレラ
体長数センチメートル。

エルニエッタ
高さ10センチメートルほど
の袋状をしています。

ある化石のそばに泥を引っかいて何かを集めていた痕
跡があることから、エディアカラ紀の生物は泥の中の
有機化合物を主食としていたとみられます。

トリブラキディウム
長さ3〜4センチメートル。

ヨルギア
長さ15センチメートルほど。

生物が爆発的に多様化した カンブリア紀

現在に生きる動物の「門」がほぼ出そろう

およそ5億3900万年前から2億5200万年前までつづいた時代を「古生代」といいます。古生代は「カンブリア紀」「オルドビス紀」「シルル紀」「デボン紀」「石炭紀」「ペルム紀」に分けられます。その中でカンブリア紀はおよそ5億3900万年前にはじまり，5400万年ほどつづいた時代です。

最初の生命が誕生したとされる38億年ほど前から，生命は35億年もの歳月をかけ，ゆっくりと進化してきました。しかしカンブリア紀に入ると，わずか1000万年に満たない時間で，生命は突然多様化したのです。この生命史における大事件は，「カンブリア大爆発」とよばれます。

イギリスの古生物学者アンドリュー・パーカー（1967～）によると，カンブリア紀以前の地層からは海綿動物門・刺胞動物門・有櫛動物門の三つのグループしかみられないのに対し，カンブリア紀に入って数百万年で，現在と同じ38門が出現しているといいます。

生物の分類（階層分類）

生物は，まず五つの「界」に分けられます。界を細分したものが「門」で，体のおおまかな特徴によって分けられます。より細かな特徴によって，門→綱→目→科→属→種に分類されます。種名（属と種小名の二つの名称からなる）が「学名」です。さらに各分類レベルで「亜」や「下」をつけて階層をふやすこともあります。

海綿
動物門

例：ヒトの場合
界：動物界
門：脊索動物門※
　　脊椎動物亜門※
　　※：「亜門」は門の下の分類レベル。
綱：哺乳綱
目：霊長目
科：ヒト科
属：ホモ属
種：ホモ・サピエンス
学名「ホモ・サピエンス」

10億年前

カンブリア大爆発で3門から38門へ

各動物の絵は，その動物群を代表する種のイメージです。このページの内容に関連性が高いものは，黄色の円盤にのせて大きくえがきました。動物の分類（門の数）については研究者で意見がことなりますが，重要なのは門数ではなく，「カンブリア大爆発で現在に生きる動物の門がほぼすべて出そろった」ということです。

注：門数は，アンドリュー・パーカー博士やイギリス・アバディーン大学のデータベースにしたがいました。また，門の名称は，アバディーン大学によるものを参考にしています。

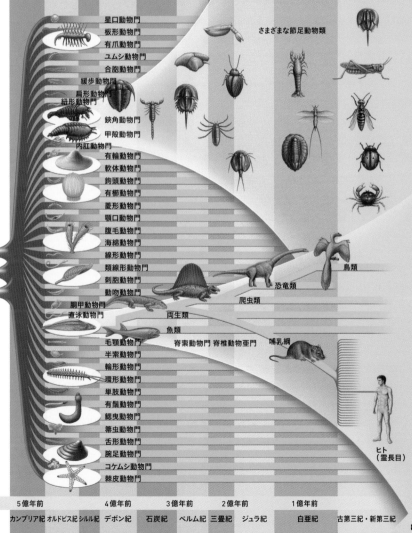

星口動物門
板形動物門
有爪動物門
ユムシ動物門
合胞動物門
緩歩動物門
扁形動物門
紐形動物門
鋏角動物門
甲殻動物門
内肛動物門
有輪動物門
軟体動物門
鉤頭動物門
有櫛動物門
菱形動物門
顎口動物門
腹毛動物門
海綿動物門
線形動物門
類線形動物門
刺胞動物門
動吻動物門
胴甲動物門
直泳動物門
毛顎動物門
半索動物門
輪形動物門
環形動物門
単肢動物門
有鬚動物門
鰓曳動物門
箒虫動物門
舌形動物門
腕足動物門
コケムシ動物門
棘皮動物門

有櫛動物門
刺胞動物門

さまざまな節足動物類

鳥類
恐竜類
爬虫類
両生類
魚類
脊索動物門 脊椎動物亜門
哺乳綱

ヒト（霊長目）

5億年前　4億年前　3億年前　2億年前　1億年前

カンブリア紀　オルドビス紀　シルル紀　デボン紀　石炭紀　ペルム紀　三畳紀　ジュラ紀　白亜紀　古第三紀・新第三紀

生物が『眼』をもち，たがいを発見しやすくなった

つまり，食うか食われるかの生存競争がいっそうはげしくなった

な ぜカンブリア紀に，現在の動物と共通する特徴をもつ生物が一気に出現したのでしょうか？

実はこのころ，生物がはじめて眼をもち，たがいを発見しやすくなったといわれています。生物がほかの生物を発見しやすくなったということは，食うか食われるかの生存競争が，よりはげしくなったことを意味します。そのため，生き残りをかけた急激な進化がおき，形の種類が爆発的にふえたのだと考えられています。

また，カンブリア紀は「節足動物」が大繁栄し，生態系の頂点に立った時代でもあります。節足動物の大きな特徴は，かたい殻をもっていることです。現在の動物でいうと，エビやカニ，昆虫などが節足動物の仲間です。

殻をもつことで防御性能が上がります。さらにかたい殻に筋肉をくっつけることで，正確で力強い動きができるようになったと考えられます。

ピカイア
脊椎に似た「脊索」をもっています。体長5センチメートル。

移動する
オットイア

ハルキゲニア
背に7対のとげをもちます。体長3センチメートル。

ウィワクシア
軟体動物。DVDの裏面のような色（構造色）をしていたと考えられています。体長5センチメートル。

獲物をとらえたアノマロカリス

体長1メートルもあり，カンブリア時代の生物群の中で最大。食物連鎖の頂点に立つ，生物史上最初の「百獣の王」だったと考えられています。

カナダスピス

二枚貝のような殻をもち，眼があったが，小さかったようです。

ピカイアの群れを襲うアノマロカリス

カイメンに食いついたアイシュアイア

体長6センチメートル。カイメンの化石の中からみつかったことがあります。

マッレラ

遊泳能力が高く，頭の"角"に構造色がみられたようです。体長2.5センチメートル。

砂にかくれるピカイア

獲物をくわえたオットイア

細長い虫のような姿をしており，海底にかくれて獲物をとらえたようです。体長15センチメートル。

ピカイアをねらうオパビニア

5個の眼と，長くのびた口吻をもちます。体長10センチメートル弱。

あごを手に入れた魚類が急速に大型化！

海洋生態系の王者の座に君臨する

メサカンサス

シガスピス

パラメテロラスピス

ノラセラスピス

節足動物は1億年以上にわたって，海洋生態系の頂点に立ちつづけました。節足動物が繁栄していた当時，私たちの祖先である魚類は，小さな小魚でしかありませんでした。しかし，約4億2000万年前にのデボン紀がはじまると，魚類が海洋生態系の表舞台に登場します。

　魚類を表舞台に押し上げたのは，「あご」の誕生です。あごは，相手を効率的に捕食することを可能にします。結果，魚類は急速に多様化し，そして大型化していきました。それまで，大きなものでも数十センチメートルをこえなかった魚類が，一気に体長数メートルサイズへと巨大化したのです。中には，体長7メートルという巨体をもつものもいました。

　こうした魚類の繁栄と時を同じくして，大型の節足動物は姿を消していきます。そして魚類は今日に至るまで，海洋生態系の王者の座を維持しつづけることになります。

ポロレピス

魚類の台頭

デボン紀に海洋生態系の主役の座をうばったさまざまな魚類。大きな変化は，あごのある魚が出現したことにあります。

ディクソノステウス

ベロナスピス

ドリアスピス

植物が陸に上がり，
土が生まれる

植物が陸上進出を果たしたのは，
オルドビス紀のころ

陸に上がった植物

水辺には，ひょろひょろとした茎からなり，葉をもたない「原始維管束植物」が繁茂していました。維管束とは，水分や養分を吸い上げる役割と，体を支える役割をあわせもつ組織です。

プシロフィトン
原始維管束植物の一つ。高さ60センチメートルほどまで成長した種類がありました。

アステロキシロン
当時の植物としては大きく，高さ50センチメートルに達しました。原始維管束植物の一つ。

ここで話の舞台を陸上へと移しましょう。植物が陸上進出を果たしたのは4億7000万年ほど前，オルドビス紀のころだと考えられています。植物は上陸することで，光合成のための光をより多く得られるようになったのです。

植物が上陸するには，さまざまな課題がありました。まず，水中とちがって浮力がはたらかないため，重力に抵抗して体の構造を支える必要があります。そこで，「リグニン」という成分で細胞壁を強化し，中が空洞で軽量な茎を入手して地面に立ちました。また，固体の油分「クチクラ」（ろうの一種）で表面をおおい，乾燥にも耐えられるようになりました。

植物が広がるにつれて，陸地は水を求める根に掘り返され，枯れた植物が微生物に分解されていきました。その結果，陸地は有機物に富んだ粒子でおおわれていきました。「土（土壌）」の誕生です。

ゾステロフィルム
がま口のように胞子嚢が開く原始維管束植物。高さ30センチメートルほど。

タエニオクラダ
ゾステロフィルム類。水生だったと考えられています。

アグラオフィトン
維管束をもたない「非維管束植物」。高さ20センチメートルほどになりました。

スキアドフィトン
円盤状の部分は，維管束植物の精細胞と卵細胞がつくられる配偶体だとされています。

"最古"の陸上植物，クックソニア
植物の体の化石としては最古の4億3300万年前のものが発掘されています。非維管束植物。

なぜ植物は上陸したのか?

古生代に入ってからしばらくの間, 陸地は土がむきだしの状態だったようです。このころの地球を宇宙から見たら, 青い海の中に浮かぶ"土色"をそこかしこに確認できたことでしょう。ちなみに当時の海中には, 藻類(現生する藻類の祖先のすべて)が存在していたとみられています。

これまでにみつかっている最古の陸上植物の化石は, 「コケ植物(苔類)」の胞子と胞子嚢です。およそ4億7000万年前の, オルドビス紀前期のものと考えられています。

なぜ, コケ植物は上陸することになったのでしょうか。緑色植物が光合成に利用する光の波長は, 水中よりも浅瀬, 浅瀬よりも陸上が適しています。つまり"光資源"を求めていくと, 陸上化は必然だったと考えられるのです。

上陸した植物はしだいに乾燥に適応し, 内陸へとその領域を広げていきました。こうして築かれていった植物の群落が光合成を行うことで地球に酸素がふえ, のちの時代に動物たちの上陸を可能にするのです。

陸上への適応

シダ植物や裸子植物・被子植物などの細胞壁には「リグニン」が含まれています。リグニンは植物がつくるワックスの主成分で, 細胞表面からの水分蒸発(蒸散)をおさえることができます。また, リグニンは細胞壁の強化にも役立ちます。これにより植物は, 水中とはことなり浮力のはたらかない陸上で, 重力に抵抗して自立することができたとみられています。

陸上植物の系譜

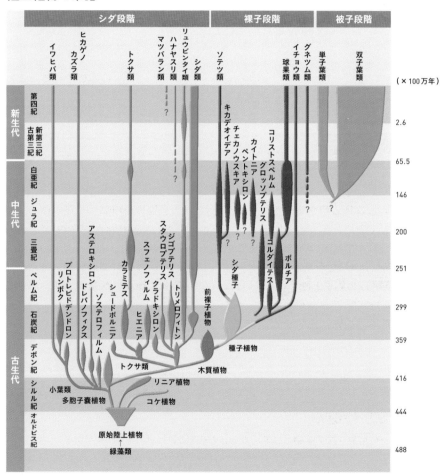

西田治文『植物のたどってきた道』を参考に作成。

3億9500万年前，脊椎動物が陸上進出した

節足動物はいち早く上陸を果たしていたと考えられている

ユーステノプテロン
ひれの中に，陸上四足動物と同じ大腿骨・腓骨・脛骨の3本の骨があります。

ティクターリク
陸生動物の手首のような可動性の骨格を，ひれの内部にもち，首のようなくびれもあります。

アカントステガ
最も原始的な両生類で，オールのような尾びれをもちます。水中で生活したものの，手足と肺呼吸を獲得していたとみられています。

注：いずれも全長は，数十センチメートル〜1メートル前後。

およそ4億3000万年前、昆虫（節足動物）がいち早く上陸を果たしたとみられています。昆虫が早く上陸できた理由は、脊椎動物ほど全身を変化させる必要がなかったからだと考えられています。節足動物の骨格とは、体を包む殻の部分にあたります（外骨格）。この外骨格は軽くて丈夫で、陸上の重力に耐えることができました。また、体液の蒸発を最小限にしつつ、呼吸できる構造（気門）も手に入れていました。

そしておよそ3億9500万年前、水中で暮らしていた脊椎動物が、ついに上陸を果たしました。初期の陸上動物とみられる「イクチオステガ」は、地上で体を支える4本の足をもっていました。その足は、水中で獲得されたもののようです。

脊椎動物は陸に上がるために、呼吸方法をえら呼吸から肺呼吸に切りかえました。また、陸上の重力に耐えられるように全身の骨格が頑丈になり、首や肩、腰の骨を獲得したのです。

パンデリクチス
頭部が平たく、眼が頭の上についており、陸上四足動物と顔つきが似ています。

ユーステノプテロン
- 魚雷形の頭部と全身
- 眼は頭部の側面
- 骨の構造が比較的単純
- 頭骨とひれが関節で直接つながっている
- 細かい骨が並ぶひれ

イクチオステガ
- 頭骨と腕ははなれている（首や肩がある）
- 骨の構造が複雑
- 腰がある
- 比較的扁平な頭部（眼の位置はその頭部の上面）
- しっかりした骨でできた足
- 指がある（うしろ足は7本指）

「Ahlberg et al.（2005）」などを参考に作成しました。イクチオステガの前足は発見されていないため、下の図ではうしろ足を参考にえがきました。

イクチオステガ
アカントステガより進化した両生類で、初期に上陸を果たした脊椎動物とみられます。首や4本の足、肺呼吸など陸生動物の特徴をそなえています。

大陸をおおう大森林が出現

巨大なシダ植物や昆虫が繁栄した

今からおよそ3億6000万年前,地上は温暖な湿地帯におおわれ,大森林が広がっていました。そのころの地球には,巨大化したシダ植物が繁栄していました。中には10階建てのビルに匹敵する,40メートルに達したものもあるといわれています。

そして,この森林を舞台にして,昆虫などの節足動物が大いに繁栄しました。温暖な湿地帯には巨大なシダ植物の大森林が広がり,オニヤンマの4〜5倍もあろうかというトンボが飛び,成人よりも大きなムカデがはいまわっていたのです。

巨大な昆虫が誕生したのは,高い酸素濃度によるものとされています。現在,地球の大気の酸素濃度は21％ですが,ハエを酸素濃度23％の環境で飼育すると,わずか5世代で体が14％ほど大きくなったという実験結果があります。当時の酸素濃度は,地球史上最高の35％に達しつつありました。

酸素は植物の光合成でつくられ,植物が枯れると微生物が酸素を使って分解します。植物の成長と分解が同時におきているのなら,酸素濃度は大きく変わらないはずです。**しかしこの時代には,まだ植物がつくるリグニン(94ページ)などを分解できる菌類(分解者)がおらず,倒れた植物の多くが分解されずに湿地に埋没したため,酸素が使われませんでした。**その結果,大気中の酸素がふえたのです。

このとき地中に埋没した植物は長い時間をかけて化石化し,石炭となり,およそ3億年後,人類に掘りだされることとなります。この約3億6000万〜3億年前の時代を「石炭紀」といいます。これは,この時代の地層に大量の石炭が埋蔵されていることに由来しています。

石炭紀の大森林

巨大化したシダ植物は、10階建てのビルに匹敵する、高さ40メートルに達したものもあると考えられています。その大森林の中で、巨大な昆虫が繁栄していました。

メガネウラ
羽の先から反対側の羽の先までが60センチメートル以上になる大型の昆虫。

レピドデンドロン
高さ20〜30メートルほどのシダ植物。幹が魚のうろこのようにみえ、「鱗木」という和名をもちます。

シギラリア
高さ20〜30メートルほどのシダ植物。葉の落ちた跡の形（六角形）が封印のようにみえることから、「封印木」ともよばれます。

プロトファスマ
ゴキブリの祖先。現在とほとんど変わらない姿でした。

プサロニウス
高さ10メートルほどのシダ植物。茎が樹木の幹のように育つことから「木生シダ」とよばれます。

生物の90％以上が絶滅する大事件が勃発！

爆発的な噴火が，大量絶滅の原因

今からおよそ2億5200万年前，生物種の90％以上が姿を消す，地球史上最大規模の大絶滅がおきました。

大絶滅の原因については，その多くが仮説にとどまっています。ただし当時，大規模な火山活動がおきていたことがわかっています。その証拠の一つが，現在のシベリアに残されている玄武岩※でできた広大な溶岩原です。その面積は，日本の国土の5倍以上，約200万平方キロメートルにもおよびます。

爆発的噴火の火山灰が，広く空をおおったために，寒冷化が進んだようです。当時の地層でみつかる炭素の特徴から，世界中で植物の光合成量が低下したことがわかっています。

この大絶滅によって生じた空白地帯に，生き残った種が進出し，多様化していきました。史上最大の大絶滅は，生態系をリセットし，新たな種にチャンスをもたらしたできごとでもあったのです。

酸欠により海洋生物の96％の種が絶滅

大陸の内陸部でおきた爆発的噴火によって，大量の火山灰が空に広がり，寒冷化しました。寒冷化は，大絶滅の一因だと考えられています。なお，このとき海は酸欠状態となり，海洋生物の96％の種が絶滅したといわれています。

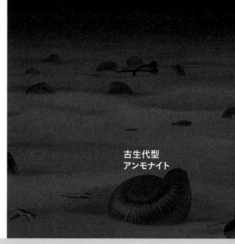

古生代型
アンモナイト

※：マグマが冷えてかたまってできた岩石。

三葉虫

ウミユリ

地球に存在する大陸が一か所に集合！

大陸は移動し，くっついたりはなれたりをくりかえしている

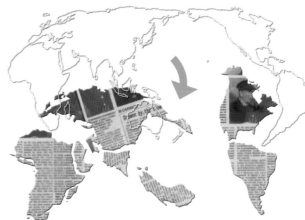

破れてバラバラになっており，新聞の文章は読むことができません。

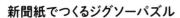

新聞紙でつくるジグソーパズル

ウェゲナーは，絶滅した古生物の生息域や，かつての氷河地帯の分布，現存する生物の分布などを検証しました（右の図）。そして，生息域や分布域が，世界各地の大陸にまたがって確認されるのは，当時，それらの大陸がつながっていたからだと考えました。また，現在の大陸は破れてバラバラになった新聞紙のようなものだと考えました。パズルのようにかつてあった超大陸の形を復元すると，新聞が読めるようになります（上の図）。

大量絶滅（前ページ）の前後には，地球に存在するすべての大陸が一か所に集まった超大陸「パンゲア」が存在したと考えられています。

　パンゲアを発見したのは，ドイツの気象学者アルフレッド・ウェゲナー（1880〜1930）です。彼は1912年にドイツの地質学会で，大陸は移動し離散集合をくりかえすという「大陸移動説」を発表しました。そして，かつて世界の諸大陸が一か所に集まってできた超大陸「パンゲア」があったと考えたのです。

　発表当初，大陸移動説は強烈な批判を受けました。ウェゲナーは大陸移動の証拠を示せても，大陸を移動させるエネルギーが何かについては，明確な答えを出せなかったのです。

　現在では，大陸を移動させる動力源として「プレートテクトニクス」という考え方が確立されています。これは，地球内部を対流するマントルにのって地球表層のプレートが移動し，大陸もそれにともなって動くというものです。この理論によって，パンゲアの存在は多くの研究者が認めるようになりました。

ガーデン・スネール（→）
黄緑色の部分は，約3億年前に存在したガーデン・スネール（カタツムリ）の生息域。北アメリカとヨーロッパがつながっていたことを示します。

リストロサウルス
約2億4500万〜約2億800万年前に存在した，体長1メートルほどの動物。長距離を泳げるような体をしていないのに，世界各地から化石が発見されています（黒いシルエット）。

（ユーラシア大陸）

（北アメリカ大陸）

（アフリカ大陸）

（南アメリカ大陸）

（インド亜大陸）

（南極大陸）（オーストラリア大陸）

氷河の分布
青色の丸は氷河の分布です。氷河が大地をけずると跡がつきます。ウェゲナーは，同じ跡が世界各国にあることに注目しました。

陸上動物は、歩いて全世界に広がった

同じ動物の化石が世界各地で発見された

およそ2億4500万から2億800万年前に存在した「リストロサウルス」は、カバに似たずんぐりむっくりな体形が特徴的な、体長1メートルほどの動物です。**とても長距離を泳げるような体をしていませんが、世界各地から化石が発見されています**（前ページ）。長距離を泳げない動物がなぜ世界各地で発見されているのかは、古生物学上の大きな謎でした。

前ページで紹介したように、**すべての大陸がパンゲアとして陸つづきなら、リストロサウルスは歩いて世界各地に拡散できたと考えることができます**。そして、リストロサウルスは世界各地に拡散することで、自分に適応した環境をみつけ、繁栄していたようです。

このように超大陸の存在は、いくつかの限られた陸上動物にとって、大陸全土に大きく生息域を広げ、繁栄する引き金になったとみられます。

パンゲアの存在を裏づけるリストロサウルス

リストロサウルスは、超大陸パンゲアに広く分布して繁栄していました。その化石は、アフリカや南アジア、東アジア、東ヨーロッパ、南極でみつかっています。

リストロサウルス

欧米植物群の分布範囲
（茶色の点線より上の地域）

超大陸パンゲア

ゴンドワナ植物群
の分布範囲
（緑色の点線より下の地域）

植物も，胞子や種子を飛ばすことでその生息範囲を大きく広げていた
ようです。現在の南アメリカ，アフリカ，インド，オーストラリア，南
極からは，裸子植物を中心とした植物群（ゴンドワナ植物群）の化石
が発見されています。同様に，北アメリカ，ヨーロッパ，アフリカに共
通して発見されている植物群（欧米植物群）の化石もあります。ウェ
ゲナーはこのような植物化石も，パンゲアが存在した根拠としました。

大量絶滅を生きのびた動物たちの勢力争い

ワニや恐竜の祖先，そして哺乳類の祖先による三つどもえの時代

サウロスクス

ヘレラサウルス

おおよそ2億5200万年前に大量絶滅が終わると「中生代」がはじまります。中生代は一般的に「恐竜時代」ともよばれますが，最初から恐竜が王者だったわけではありません。**中生代のうち最も古い三畳紀（約2億5200万〜2億100万年前）は，大量絶滅を生きのびた動物による生存競争がくり広げられました。**

この時代は，「主竜類」とよばれる爬虫類のグループが台頭していました。右のイラストの中央は，体長7メートルもの巨大な主竜類「サウロスクス」です。この仲間がやがてワニへと進化します。サウロスクスと争うのは，やはり主竜類で「ヘレラサウルス」という肉食恐竜です。

争いを遠くから見るのは，単弓類というグループの「イスチグアラスティア」です。前ページで紹介したリストロサウルスもこのグループで，彼らの仲間がやがて哺乳類へと進化します。

三畳紀中期の生存競争

中生代最初の時代である三畳紀, 約2億3000万年前の光景の想像図です。代表的な化石の産地, アルゼンチンのイスキグアラストを舞台にえがきました。

イスチグアラスティア

ヒベロダペドン

2億年前，恐竜たちが地上を支配した！

ふたたびおきた大量絶滅を経て，陸上の生態系の頂点に君臨する

マメンチサウルス

約2億年前の三畳紀末，地球上の生物の多くが姿を消す大量絶滅がふたたびおこり，さまざまな動物グループが滅びました。**ライバル不在となった恐竜は，中生代第2の時代「ジュラ紀」に多くの種を生みだし，陸上生態系の頂点に立ちます。**

恐竜たちが繁栄した時代はおおむね温暖でした。海面は高くなり，海岸から数百キロメートルにわたって浅い海がつづいていました。また，極域にも氷がなく，海水は深層でも15〜20℃と高い温度でした。こうした恵まれた環境が，恐竜を巨大化させたと考えられています。

植物食恐竜の「竜脚類」には，体長20メートルをこえる巨大種も少なくありませんでした。体長約35メートル，世界最大級の恐竜である「マメンチサウルス」は，その半分を首が占めています。近年の研究によると，竜脚類は首を高

く上げて高所の葉を食べるのがむずかしく，長い首を左右に動かすことで広範囲の植物を食べていたとみられています。

108

地上で繁栄する恐竜たち

中国北西部のジュンガル盆地における当時のようすをえがきました。
マメンチサウルスの手前にいるのは，体長4メートルの肉食恐竜「グアンロン」。のちに恐竜界の頂点に君臨する「ティラノサウルス類」に属しており，最古級のティラノサウルス類といわれています。中央の「シンラプトル」は，体長7.6メートルほどの肉食恐竜です。

シンラプトル

グアンロン

同じころ，超大陸パンゲアは分裂を開始

恐竜はそれぞれの大陸で独自の進化をとげた

パンゲアが誕生したころと分裂をはじめたころ

2億5500万年前，大陸間のプレートが沈みこみ，大陸が衝突して超大陸パンゲアが誕生しました（左）。そして1億5200万年前，マントルの上昇流があらわれた場所では，地溝が形成されます。地溝は最終的に海嶺となり，大陸どうしはしだいにはなれていきました（右）。

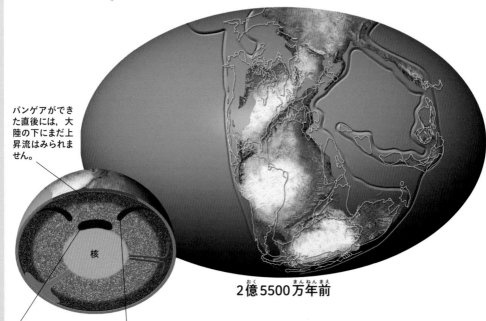

パンゲアができた直後には，大陸の下にまだ上昇流はみられません。

核

2億5500万年前

大陸が衝突する前に沈みこんだプレート

大陸間にあるプレートが沈みこむと，大陸間の距離がちぢまり，最後には大陸どうしが合体します。

こで，恐竜時代の大陸の動き
に目を向けましょう。地球上
のすべての大陸が集まった超大陸パ
ンゲア（102〜103ページ）は，およ
そ2億年前から南北に分裂をはじめ
ました。

　超大陸パンゲアは，大陸間のプレ
ートが沈みこみ，大陸どうしが衝突
して誕生しました。超大陸ができる
と，超大陸自身が毛布のような役割
をし，大陸の下のマントルが熱くな
って流れやすくなります。それから
5000万年以内に，核／マントル境界
において大規模な対流運動が発生
し，上昇流があらわれました。この

上昇流と"毛布効果"が相まって，
パンゲアは分裂をはじめたと考えら
れます

　1億5000万年前ごろには，パンゲ
アの南半分から南アメリカ大陸とア
フリカ大陸が分離し，1億2000万年
前ごろになると，南極大陸からイン
ド亜大陸が分離して，北上をはじめ
ます。さらに約7500万年前には，南
極大陸からオーストラリア大陸が
分離しました。

　**パンゲアの分裂によって，恐竜は
それぞれの大陸で独自の進化をとげ，
多様化がいちだんと進んだと考えら
れています。**

1億5200万年前

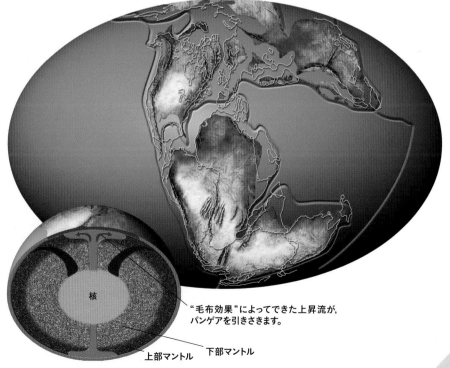

核

"毛布効果"によってできた上昇流が，
パンゲアを引きさきます。

上部マントル　　　下部マントル

小惑星の衝突が，恐竜の時代を終わらせた

直径10キロメートルほどの小惑星が衝突！

およそ6550万年前のある日に，大事件がおきました。直径10キロメートル前後の小惑星が，現在のメキシコのユカタン半島付近の浅い海の底に衝突したのです。小惑星は，数万℃にも達して蒸発。マグニチュード11もの地震と，高さ300メートルもの津波が発生しました。

小惑星の衝突によって発生した煙やすすなどは，数年にわたり，地球全体の上空をただよったといわれています。太陽光がさえぎられた影響で，光合成をできなくなった植物が枯れていきました。そして植物を食べていた生物が飢え，巨大恐竜などが絶滅しました。**陸上の動物は大きな打撃を受け，8割前後の種が絶滅したとされています。**

また，海中のアンモナイトなども絶滅しました。衝突地点の岩石から大量にできた硫黄酸化物が，上空に舞い上がって酸性雨となり，地上に降りそそいで海を酸性化させたためだとされています。

突如としておきた小惑星の衝突

白亜紀末におきた小惑星の落下では，恐竜などの爬虫類やアンモナイトなど，8割前後の動物が絶滅しました。陸上の脊椎動物については，25キログラムという体重が生死を分ける一つの境目だったようです。これは，一般的に食物を大量に必要とする，生態系のより上位に位置するものが滅んだことを意味します。

大量絶滅は過去に5度あった

生命史において, 大量絶滅は5度※あったとされています。恐竜絶滅にかかわる約6550万年前の事件(前ページ)は広く知られていますが, これを上まわる大量絶滅が, 古生代・ペルム紀末期から中生代・三畳紀前期にかけておきたと考えられています。この事件は, ペルム紀(Permian)と三畳紀

過去6億年間におきた大量絶滅

グラフは, アメリカの古生物学者ジャック・セプコスキー(1948～1999)が発表した生物種の増減をまとめたものです。左端の点線から実線に変わるところがカンブリア紀のはじまりで, 右ほど時代が新しくなります。エディアカラ生物群の時代(84～85ページ)以降, 6度の大量絶滅があり, このうち情報量の少ない最初の絶滅をのぞく五つを「ビッグファイブ」とよびます。

約4億4400万年前
(オルドビス紀末)

約3億7400万年前
(デボン紀後期)

約5億4200万年前
(先カンブリア時代と古生代の境界)

| エディアカラ生物群の出現 | カンブリア爆発 | 節足動物の繁栄 | 植物の上陸 | 動物の上陸 | 大森林の形成 |

（Triassic）の頭文字をとって「P/T
境界絶滅事件」とよばれます。

　約2億5200万年前におきた1回
目の絶滅では，固着性動物（ウミ
ユリなど）と低緯度地域にすむ動
物が大きなダメージを受けました。
　そして，約2億年前におきた2回
目の絶滅で，ほかの多くの動物た
ちが姿を消したようです。
　当時，地球では火山活動が非常

に活発化しており，ぼう大な量の
噴煙や火山灰などが大気中に巻き
上げられました。これにより地表
に届く太陽光がさえぎられ，結果
として植物の光合成能力が低下し，
地球全体が酸欠になったという
説が有力視されています。
　P/T境界絶滅事件の発生理由に
はほかにもさまざまな説があり，
現在も議論がつづいています。

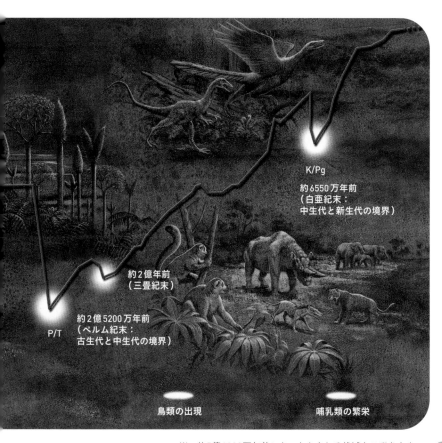

K/Pg
約6550万年前
（白亜紀末：
中生代と新生代の境界）

約2億年前
（三畳紀末）

約2億5200万年前
（ペルム紀末：
古生代と中生代の境界）
P/T

鳥類の出現　　　　　　　　　哺乳類の繁栄

※：約5億4200万年前にあったとされる絶滅をのぞきます。

5

哺乳類の繁栄，人類の誕生
5000万年前〜現代

およそ6550万年前，地球に衝突した小惑星が，恐竜の時代を終わらせました。そして哺乳類が繁栄をはじめ，大陸の配置も現在へと近づいていきます。最終章では，人類が登場するまでの地球のようすをみていきましょう。

恐竜にかわって
哺乳類が繁栄する

哺乳類の二つのグループが
大量絶滅をのりこえた

古第三紀（暁新世・始新世・漸新世）	新第三紀（中新世・鮮新世）	第四紀（更新世・完新世）
約6550万〜2300万年前	約2300万〜260万年前	約260万年前〜現在
新生代		

注：古第三紀と新第三紀の"三"とは，かつて地球の全歴史が4分割されると考えられていたときの，
3番目の時代ということに由来します。

脊椎動物の進化のイメージ

哺乳類へとつづく，脊椎動物の進化の過程をえがきました。大量絶滅をのりこえた「真獣類」と「有袋類」は，かつて恐竜が生息していた場所や食物を獲得することで，一気に多様化していきました。

およそ6550万年前におきた大量絶滅（112～113ページ）によって，生態系の頂点にいた恐竜たちが姿を消しました。これによって，ぽっかりと空いた恐竜たちの生活圏にいち早く進出したのが哺乳類です。

哺乳類は，白亜紀（約1億4500万～6600万年前）にはある程度多様化していました。多くの種は大量絶滅などで絶滅しましたが，白亜紀に出現した哺乳類の「真獣類」と「有袋類」の二つのグループは大量絶滅をのりこえ，新生代に入ってから爆発的な多様化をみせたのです。

真獣類は，現生の哺乳類のほとんどが属するグループです。子を体内で一定期間育てるための胎盤をもち，「有胎盤類」ともいわれます。有袋類は，オーストラリアのカンガルーに代表される，おなかの袋で子を育てるグループです。5000万年前ごろになると，ジュゴンやマナティなどの海牛類の祖先，クジラ類の祖先が，海への進出をはじめました。

哺乳類の繁栄の決め手は『すぐれた歯』と『胎生』

消化の効率が上がり, 子育てのリスクが軽減した

モルガヌコドン

初期の哺乳類と真獣類・有袋類の大きなちがいは，臼歯（奥歯）の形です。たとえば初期の哺乳類「モルガヌコドン」の臼歯は，山型の突起が三つ一列に並んだだけの単純な構造でした。一方，真獣類と有袋類は，私たちヒトの臼歯のような，上下一対の構造をもちます。"ハサミ"のように食物を切ることしかできない歯から，食物をすりつぶすことのできる歯への進化により，消化の効率が上がり，より効率よくエネルギーを生みだせるようになったのです。

また，子育ても進化しました。卵は動くことができないので，ヒナが生まれる前から大きな危険にさらされます。有袋類は未熟な子をおなかの袋の中で育てることで，子育てのリスクを軽減させました。真獣類は，子がある程度自立できるまで体内で育てる（胎生）ため，子育てのリスクがさらに低くなります。

すぐれた歯と胎生。この二つが新生代の哺乳類，とくに真獣類の繁栄につながったとみられています。

単純な臼歯

初期の哺乳類がもっていた臼歯をえがきました。三つの"山"がつらなっただけの単純な構造から，食虫性だったと考えられています。

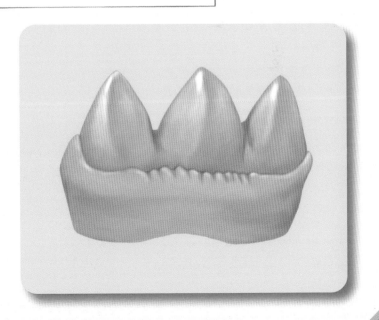

地球の奥深くでは大崩落がおきていた

その影響で，太平洋プレートの運動方向が変わった

およそ5000万〜4000万年前，アジアの地下で巨大岩石の崩壊があったと考えられています。

地球の表面は10数枚のプレートでおおわれています（30〜31ページ）。プレートは少しずつ移動し，海溝で別のプレートの下にもぐりこみ，地球の深部へと向かいます。沈みこんだプレートは，地下約600〜700キロメートルの場所に一時的にたまって，巨大な岩石のかたまりになります。**このかたまりを「スタグナントスラブ」あるいは「メガリス」といいます。**

スタグナントスラブは，世界中の海溝付近で確認されています。日本列島の地下にもあり，その大きさは長さ1000キロメートル以上，厚さ100キロメートル以上におよびます。地球表面にある通常のプレートには，ここまでの厚みはありません。しかし，**スタグナントスラブには海溝から次々とプレートが沈みこんでくるため，しだいに大きく重くなっていきま**

地中に横たわるスタグナントスラブ

右上のイラストは，東アジア地下にあるスタグナントスラブのイメージ。日本海溝などで沈みこんだプレートは，上部マントルと下部マントルの境界付近に沈みこんだのち，少し上向きに中国大陸の地下まで横たわるようにたまっていくといいます。右下のイラストは，地球の内部構造のイメージです。

す。そして限界をむかえ，地球深部へと崩落していったのです。

スタグナントスラブの崩壊が生じた5000万〜4000万年前，太平洋プレートの移動方向が北向きから西向きへと変わったといわれます。その結果，マリアナ海溝やトンガ海溝などの新たな海溝が生まれ，その上に小笠原諸島などの火山島がつくられというのです。

東アジアの地下にあるスタグナントスラブのイメージ

日本列島，朝鮮半島，中国東北部の地下には，幅1000キロメートル以上，厚さ100キロメートル以上の巨大な岩石が，一時的にマントル内にたまっています。イラストは，マントルの大部分をのぞいてえがきました。

日本海溝

小笠原海溝

太平洋プレート

スタグナントスラブ
マントルに沈みこんだのち，地下660km付近にたまったプレートの"なれの果て"。

過去に崩落したメスタグナントスラブの残骸

核

地域の内部構造とスタグナントスラブ

地殻

上部マントル

ホットスポット
ハワイ島など。

太平洋プレート

日本海溝

下部マントル

ホットスポット
を生む上昇流

ユーラシアプレート

スタグナントスラブ

東太平洋海膨

核

注：このイラストでは，各層の厚さは正確ではありません。

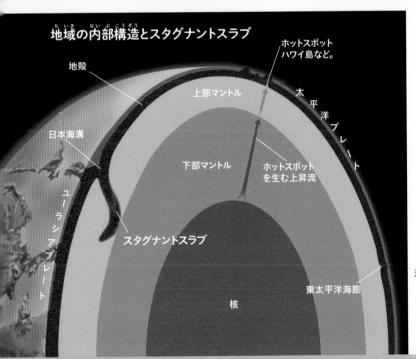

123

南半球にあったインドが 大規模に北上！

およそ6000キロメートルの旅をして アジア大陸に衝突

およそ3億年前, すべての大陸がつながった超大陸パンゲアが存在していたころ, インドは南半球にありました。パンゲアが分裂をはじめる（110〜111ページ）と, インド亜大陸はインド・オーストラリアプレートにのって, ゆっくりと北上しました。その向かう先にあったのが, アジア大陸です。

当時, インド亜大陸とアジア大陸の間には「テチス海」とよばれる海が広がっていました。**インド亜大陸は移動方向にあったテチス海の堆積物を集め, テチス海の面積をせばめながら北上し, アジア大陸との距離をちぢめていきました。**

そして今から5000万年ほど前, インド亜大陸とアジア大陸の衝突がはじまりました。まず, テチス海のプレートを構成していた岩石（堆積物）が地表にあらわれました。この衝突によって隆起運動がおき, 衝突部分に山脈が形成しはじめるのです。

赤道

赤道に到達

インドの北上
インド亜大陸が7000万年前の場所から現在の場所に移動するまでのようす。

7000万年前

3億年前
（古生代末）

パンサラッサ
地球の半分を占める海

パンゲア

テチス海

インド

現在のラダック地方

1億5000万前
（中生代ジュラ紀）

北アメリカ　ユーラシア

現在のラサ地方

現在

南アメリカ　アフリカ

1000万年前

北西部が衝突
衝突時のラダック地方

南東部が衝突
衝突時のラサ地方

マダガスカル島

インド

南極　オーストラリア

2100万年前

1億3000万前
（中生代白亜紀）

北アメリカ　ユーラシア

2900万年前

3600万年前
4200万年前
5000万年前　4400万年前

南アメリカ　アフリカ　インド

4800万年前
5200万年前
5300万年前
5500万年前
5700万年前

南極　オーストラリア

7000万前
（中生代白亜紀終わり）

北アメリカ　ユーラシア

5900万年前
6100万年前

現在

北アメリカ　ユーラシア

アフリカ

南アメリカ　インド

万年前

南極　オーストラリア

アフリカ　インド

南アメリカ

インド洋

オーストラリア

インド亜大陸が移動するようす

インド亜大陸が7000万年前の場所から，現在の場所に移動するまでのようすをえがきました。右端には，パンゲアが存在していた時代から現在までのでの，主な大陸の移り変わりを示しました。

Patriat & Achache,
1984による。

125

ヒマラヤ山脈が
できるまで

大陸どうしの衝突で隆起運動がおこり，徐々に成長していった

ヒマラヤ山脈の成長（エベレスト周辺）

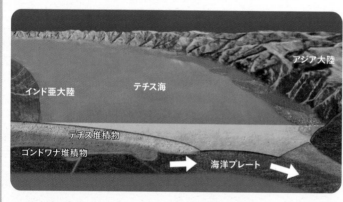

インド亜大陸　　テチス海　　アジア大陸

デチス堆積物

ゴンドワナ堆積物

海洋プレート

1. 衝突以前

インド・オーストラリアプレートにのって北上してきたインド亜大陸は，テチス海を縮小させます。5000万年ほど前，インド亜大陸は北西部からアジア大陸に衝突しはじめます。

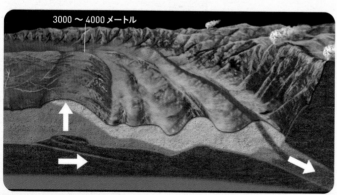

3000〜4000メートル

2. 2000万〜
1500万年前

衝突で隆起運動がおき，徐々に山脈が成長しはじめます。

126

インドの北上がつづいた白亜紀（約1億4500万～6600万年前）には火山活動がさかんにおこり，大気や海水の温度が上昇しました。そのため大量の有機物が海底に堆積し，赤道をはさんだテチス海は，さまざまな生物が生息するあたたかい海だったと考えられています。

しかし，インド亜大陸が北上するにしたがってインド洋は拡大し，反対にテチス海は縮小していきました。

生物の楽園テチス海は，約4000万年前までには消滅してしまいます。

そして5000万年ほど前，インド亜大陸とアジア大陸の衝突によって隆起運動がおこり，衝突部分に山脈が形成されはじめます。山脈は，約1400万～1000万年前には8000メートルほどの高さにまで達したとみられています。こうして，"世界の屋根"といわれるヒマラヤ山脈が誕生しました。

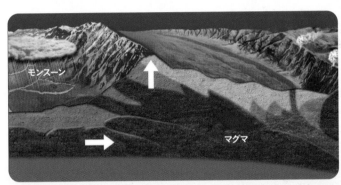

3. 1400万～800万年前

ヒマラヤ山脈は，1400万～1000万年前には標高8000メートルに達したと考えられています。

モンスーン

マグマ

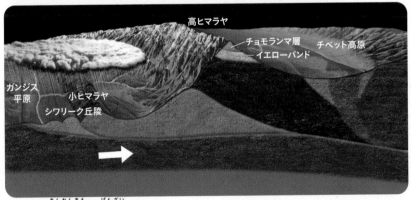

高ヒマラヤ

チョモランマ層
イエローバンド
チベット高原

ガンジス平原
小ヒマラヤ
シワリーク丘陵

4. 100万年前～現在

押し上げられたテチス海の堆積物が，エベレストの頂上付近を形成するイエローバンド※およびその上のチョモランマ層をつくりました。また「高ヒマラヤ（山脈の主稜）」の南側で「小ヒマラヤ」の上昇がはじまり，高さが1500～2000メートルほど上昇します。

※：チョモランマ層の下にある地層。エベレストとその周辺の地層にしか存在しません。

コーヒーブレーク

その昔，エベレスト山頂は海の底だった

ヒマラヤ山脈の中で最も高いのが，標高8848メートルの「エベレスト」です。実はエベレストには，一帯がかつて海の底にあったことを示す痕跡が存在します。

1924年，世界初のエベレスト登頂に挑戦した「第3次イギリス隊」のメンバーである地質学者ノエル・オデル（1889〜1987）は，エベレスト山頂が石灰岩でできていることをはじめて報告しました。石灰岩は炭酸カルシウムを多く含む堆積岩の一種で，海生動物の骨格や殻が水底に積もることでできます。つまりエベレストの頂上は，海底の地層からなることが判明したのです。

それから12年後の1936年，スイス・チューリッヒ工科大学教授のアウグスト・ガンサー（1910〜2012）らは，ヒマラヤ山脈の中央地帯を横断する調査を行いました。そして，インド亜大陸とアジア大陸が衝突・合体した"傷跡"である「縫合帯」を発見しました。ガンサーは羊飼いに扮して，当時鎖国中

だったチベットに潜入して調査を行い，岩塩商人を装って，集めた岩石のサンプルを運びだしたのです。こうした苦労の末，ヒマラヤ中央部の精密な地質図の作成に世界ではじめて成功しました。

その後もガンサーは調査をつづけてヒマラヤ全域の基本構造を明らかにし，1964年にその集大成を本にまとめました。彼は著作の中で，1956年にエベレスト登頂を成功させたスイス遠征隊からゆずり受けたエベレストの頂上付近の石灰岩を調べ，その中にウミユリの化石を発見したことをしるしています。

さらに1966年から1968年にかけて，中国は国家プロジェクトとしてエベレストの大規模調査を行いました。2000ページをこえる報告書によると，頂上の石灰岩部分は地質学的に2層に分けられることが判明したといいます。また頂上付近の層からは，ウミユリや三葉虫，直角貝，腕足類の化石が発見されたことがしるされています。

かつて一帯が海底だったことを示す証拠

古生代の海のようすをえがきました。ヒマラヤでアンモナイトの化石が産出することをヨーロッパ人は19世紀から知っており，かつてそこが海だった証拠であると考えてきました。

ウミユリ

イエローバンド
標高約8235メートルから8540メートルにかけて横たわる，約5億年前（カンブリア紀）の地層。熱による変成作用を受けた大理石（結晶質石灰岩）からなり，その後の風化作用によって黄色になったと考えられています。

チョモランマ層
約4億6000万年前（オルドビス紀）の石灰岩からなり，ウミユリや三葉虫などの化石が発見されています。

700万年前，最初の人類『猿人』があらわれた

直立二足歩行を獲得し，手が使えるようになる

今からおよそ700万年前，最古の人類である「猿人」が出現しました。人類の最大の特徴は，直立二足歩行です。前足が完全に自由になり「手」で物をつかんだり道具を使ったりすることが，脳の発達へとつながったのです。

人類が直立二足歩行をすることになった理由の一つとして考えられるのが，気候の変化です。当時，ヒマラヤ山脈の隆起（126〜127ページ）が原因で，地球全体が寒冷化しつつありました。人類の祖先が暮らしていた大森林は縮小し，かわって拡大した草原での生活をよぎなくされたのです。

人類が獲得した直立二足歩行は，広い草原で獲物をさがしてまわる際に，骨や筋肉への負担が小さくてすむと考えられています。また，立ち上がることで視界がよくなり，天敵である大型の肉食獣をいち早く発見できるようになりました。そして，人類は登場以来，脳容量を大型化させていったのです。

直立二足歩行する「猿人」

およそ500万年前の猿人「アルディピテクス」。直立歩行を獲得した人類は，その後，急速に脳を発達させ，今日に至ります。

哺乳類の繁栄，人類の誕生

人類は，肉食動物の格好の餌食だった

武器も道具ももっていなかった

およそ440万年前，アフリカにいた「アルディピテクス・ラミダス」（ラミダス猿人）は，直立二足歩行を行っていた初期の人類の一種です。現在の人類とは足の形が大きくことなり，足で物をつかむこともできました。これはラミダス猿人の祖先が，手足を使って枝をつかみ，樹上で暮らしていた霊長類であったなごりです。

ラミダス猿人は，木の生え方が密ではない，明るい森林で暮らしており，雑食だったと考えられています。武器はもちろん，石器のような道具ももっていなかったようです。

このころの人類は，肉食動物に襲われることがたびたびあったと考えられています。たとえば，南アフリカでみつかった「アフリカヌス猿人」の子供の頭骨には，ワシにつかまれた痕跡が残っていました。おそらく連れ去られて，餌食になってしまったのでしょう。

ヒョウ
初期の人類を襲っていたと考えられている肉食動物の一つ。

アルディピテクス・ラミダス

人類の一種で，約440万年前の
地層から化石がみつかっていま
す。発見された雌の個体の脳サ
イズ（頭蓋腔容量）は約300立
方センチメートル，身長は約1.2
メートルと推定されています。

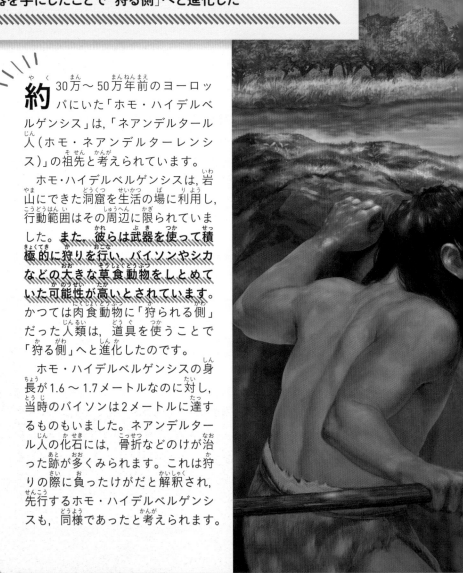

「狩られる側」だった人類が狩り行うようになる

武器を手にしたことで「狩る側」へと進化した

約30万～50万年前のヨーロッパにいた「ホモ・ハイデルベルゲンシス」は、「ネアンデルタール人（ホモ・ネアンデルターレンシス）」の祖先と考えられています。

ホモ・ハイデルベルゲンシスは，岩山にできた洞窟を生活の場に利用し，行動範囲はその周辺に限られていました。また、彼らは武器を使って積極的に狩りを行い、バイソンやシカなどの大きな草食動物をしとめていた可能性が高いとされています。かつては肉食動物に「狩られる側」だった人類は，道具を使うことで「狩る側」へと進化したのです。

ホモ・ハイデルベルゲンシスの身長が1.6～1.7メートルなのに対し，当時のバイソンは2メートルに達するものもいました。ネアンデルタール人の化石には，骨折などのけが治った跡が多くみられます。これは狩りの際に負ったけがだと解釈され，先行するホモ・ハイデルベルゲンシスも，同様であったと考えられます。

ステップバイソン

大型のウシ科動物。現在のバイソンよりも大きかったと考えられています。

ホモ・ハイデルベルゲンシス

私たち「ホモ・サピエンス」にくらべ，目の上部が前方に張りだしています。がっしりした体つきで，服を着ていたかはわかっていませんが，獲物の毛皮をまとっていたかもしれないと考えられています。ヨーロッパで暮らし，ユーラシア大陸北部までは進出しませんでした。

そして，
人類史がはじまる

約20万年前に登場したホモ・サピエンスは，
またたく間に文明を発展させていく

18世紀以降，世界人口は急増している

下のグラフは人類の人口の推移，グラフの上の写真は，その時代を代表する文明などです。農耕や牧畜がはじまったとみられる1万年前ごろ，世界人口は500万〜1000万人程度だったと推計されています。西暦元年にあたる約2000年前は，1億〜3億人ほどでした。18世紀の産業革命以降から世界人口は爆発的に増加し，2022年には80億人に達しました。

注：1950年以前のグラフは，『新「人口論」』（ジョエル・E・コーエン著）を参考に作成。
　　1950年〜2020年までのグラフは，国連のデータ（World Population Prospects）にもとづいて作成しました。

言語・文字	宗教	家畜化と栽培化	金属

1万年前
人口500万〜1000万

西暦1年
人口1〜3億

1000年
人口2〜4億

1万年前（紀元前8000年）　　　　西暦1年　　西暦100年　　　　　1000年　　　1100年

12

私たち「ホモ・サピエンス」が出現したのは、約20万年前のアフリカとされています。2003年, アフリカのエチオピアで, ホモ・サピエンスのほぼ完全な頭骨化石が発見されました。これにより, ホモ・サピエンスの起源をアフリカだけに求める「アフリカ単一起源説」が説得力をもつようになりました。

また, 私たちの細胞には「ミトコンドリア」とよばれる小器官があり, 母から子へと受け継がれます。現在の地球で暮らすすべてのホモ・サピエンスの母方の祖先をたどると, 約16万年前のアフリカで生きていた一人の女性に行き着くことがわかりました。これも, アフリカ単一起源説の根拠となっています。

ホモ・サピエンスの集団は, 約6万年前にアフリカを出発し, その子孫たちが世界中に拡散したと考えられています。そして"あっという間"に, 地球環境に影響をあたえるほどの存在へとなったのです。

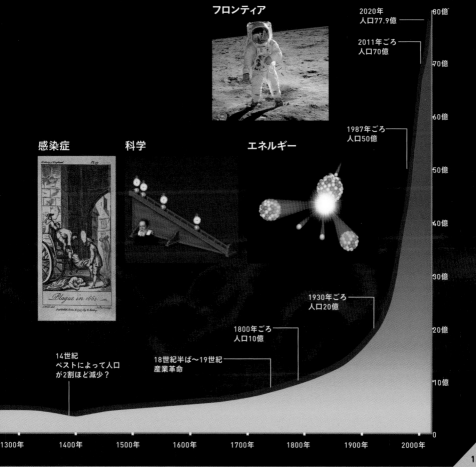

フロンティア

2020年
人口77.9億

2011年ごろ
人口70億

感染症　　　科学　　　　エネルギー

1987年ごろ
人口50億

1930年ごろ
人口20億

1800年ごろ
人口10億

14世紀
ペストによって人口
が2割ほど減少？

18世紀半ば〜19世紀
産業革命

| 80億 | 70億 | 60億 | 50億 | 40億 | 30億 | 20億 | 10億 | 0 |

1300年　1400年　1500年　1600年　1700年　1800年　1900年　2000年

コーヒーブレーク

地球の変化と生命の進化

地球の生命は，大陸の歴史とともに進化していきました。大陸は，ときにはほかの大陸とくっついて広大な陸つづきとなり，その結果，ほかの大陸で生まれた生物の居住範囲を

約27億年前
陸地が急成長しました。

約38億年前
約38億年前には海があったといわれています。

約300万年前
北アメリカ大陸と南アメリカ大陸が地つづきとなったことで，南アメリカ大陸の王者だった大型の肉食鳥類が絶滅に追いやられます。

フォルスラコス

大陸はしばしば浅い海で分断されたため，恐竜の多様化が進んだと考えられています。

人類の拡散

ティラノサウルス

約1億5000万年前
インド亜大陸が北上をはじめ，海生爬虫類が大繁栄していたテチス海をちぢめます。

約2億年前，パンゲアは分裂を開始します。

リストロサウルス

広げました。そして，移動した先で進化した生物もあれば，その影響で絶滅した生物もいたようです。

また，大陸の移動に合わせて海の姿も変わり，そこで暮らす海中生物にも大きな影響をあたえました。

下のイラストは，生命が生息できる環境のととのった約38億年前（40〜41ページ）から，現在とほぼ変わらない大陸配置ができあがった約6億年前までの大陸の移り変わりを示しました。

約19億年前

現在の北アメリカを中心に大陸が集まって「超大陸ヌーナ」ができたと考えられています。

超大陸ヌーナ

アノマロカリス

約5億4000万年前

現在の動物と共通の特徴をもつ生物が急増します。

三葉虫

約4億2000万年前

大陸どうしの衝突によって，間にあったイアペタス海が消失し，三葉虫の種類が減少します。

約6万年前

現代とほぼ変わらない大陸配置ができあがりました。

ゴンドワナの大陸氷河

このころに存在した超大陸ゴンドワナには，巨大な氷河ができていたとされます。

P/T境界絶滅事件

（←）約3億年前

超大陸パンゲアが形成されました。

おわりに

　これで「地球大全」はおわりです。地球と生命のドラマチックな歴史を楽しんでいただけましたか。

　できたばかりのマグマにおおわれた地球が冷えると，地上にはげしい大雨が降りそそいで海が生まれました。そのことが，地球が"生命の星"になるためにきわめて重要なことでした。

　また，全球凍結や大量絶滅がおこるたびに地球の環境や生態系が大きく変わり，めぐりめぐって私たちの祖先が繁栄しました。こうした「災い転じて福となす」できごとの積み重ねによって，私たち人類が存在する，現在の地球となったのです。

　地球が歩んできた 46 億年の歴史からみると，私たち人類の歴史など，ほんの一瞬のできごとです。この先，人類は地球とともにどのような歩みを進めればよいのでしょうか。

　この本が地球のなりたちやその歴史，環境への興味を深め，地球の将来を考えるきっかけになりましたら，とてもうれしく思います。　　　　　　　　　　　　　　　　　　　　　　　　♥

超絵解本

絵と図でたのしむ
数学脳トレ
面白パズルで数学センスを身につけよう

A5 判・144 ページ　1480 円（税込）　好評発売中

パズルは，古代から現在に至るまで，多くの人々を魅了しつづけてきました。自分の頭を悩ませて，あるいは一瞬のひらめきで，正しい答えにたどりついたときの快感は格別でしょう。

この本は，さまざまなパズルを楽しく解いていくうちに，いつのまにか「数学的センス」が身についていく本です

「図形」のパズルと「計算」のパズルをそれぞれ初級編・中級編・上級編に分けて，幅広い難易度のパズルを厳選して収録しました。

どの問題から挑戦してもかまいません。さあ，面白パズルで数学脳をきたえていきましょう。

数と形の
数学パズル

初級編・中級編・上級編
の幅広い難易度

思考を積み重ねて
数学センスをきたえよう

Staff

Editorial Management	中村真哉
Cover Design	秋廣翔子
Design Format	宮川愛理
Editorial Staff	小松研吾，佐藤貴美子

Photograph

42	shota/stock.adobe.com		Library/アフロ
94	quickshooting/stock.adobe.com	137	【感染症】Public domain，【科学】【エネルギー】
136	【文字】APF/アフロ，【宗教】mitzo_bs/stock.adobe.		Newton Press，【フロンティア】NASA
	com，【農耕】Public domain，【金属】New Picture		

Illustration

表紙カバー	Newton Press（黒田清桐，藤井康文，小林 稔，Ron Blakey, Colorado Plateau Geosystems, Arizona USA）	88-89	風 美衣
		90-91	藤井康文
		92-93	立花 一
表紙	Newton Press（黒田清桐，藤井康文，小林 稔，Ron Blakey, Colorado Plateau Geosystems, Arizona USA）	95	Newton Press，加藤愛一
		96-97	Newton Press
		99	小谷晃司
2	Newton Press	100〜105	Newton Press
7	Newton Press	106〜109	藤井康文
8-9	Newton Press	110-111	Newton Press，羽田野乃花
11〜33	Newton Press	112-113	岡本三紀夫
35〜45	Newton Press	114-115	Newton Press
46-47	NASA Goddard/CI Lab/Dan Gallagher	117	藤井康文，Newton Press，中西立太
48〜57	Newton Press	118-119	大下 亮
59〜71	Newton Press	120	藤井康文
72-73	小林 稔	121	Newton Press
74〜79	Newton Press	123〜129	Newton Press
80-81	小林 稔	130-131	中西立太
83	風 美衣，藤井康文，岡本三紀夫	132-135	黒田清桐
84-85	Newton Press	136〜139	Newton Press
86-87	小林 稔	141	Newton Press

本書は主に，ニュートン別冊『地球と生命，宇宙の全歴史』，ニュートン別冊『地球と生命 46億年のパノラマ』，ニュートン別冊『奇跡の惑星 地球の科学』，ニュートン別冊『新・ビジュアル古生物事典』，ニュートン別冊『学びなおし中学・高校の地学』の一部記事を抜粋し，大幅に加筆・再編集したものです。

初出記事へのご協力者（敬称略）：

池原健二（奈良女子大学名誉教授）
磯崎行雄（東京大学大学院総合文化研究科広域科学専攻広域システム科学系名誉教授）
大野照文（高田短期大学図書館長・特任教授）
海部陽介（東京大学総合研究博物館教授）
川上紳一（岐阜聖徳学園大学教育学部教授）
甲能直樹（国立科学博物館 地学研究部 生命進化史研究グループ長）
小林憲正（横浜国立大学名誉教授）
斎木健一（千葉県立中央博物館分館 海の博物館分館長）
酒井治孝（京都大学名誉教授）
菅 裕明（東京大学大学院理学系研究科教授）
鈴木雄太郎（静岡大学理学部地球科学科准教授）

髙井正成（京都大学総合博物館研究部資料開発系教授）
田近英一（東京大学大学院理学系研究科地球惑星科学専攻教授）
田中源吾（熊本大学くまもと水循環・減災研究教育センター准教授）
出口 茂（海洋研究開発機構生命理工学センター長）
冨田幸光（国立科学博物館地学研究部生命進化史研究グループ研究主幹）
平沢達矢（東京大学大学院理学系研究科地球惑星科学専攻准教授）
藤井紀子（京都大学名誉教授）
藪本美孝（北九州市立自然史・歴史博物館名誉館員）
山岸明彦（東京薬科大学生命科学部分子生命科学科名誉教授）
吉田晶樹（海洋研究開発機構海域地震火山部門火山・地球内部研究センター固体地球データ科学研究グループ主任研究員）

超絵解本

地球と生命の壮大な歴史をたどる

絵と図でよくわかる地球大全

2023年6月15日発行

発行人	高森康雄
編集人	中村真哉
発行所	株式会社 ニュートンプレス
	〒112-0012東京都文京区大塚3-11-6
	https://www.newtonpress.co.jp